Zopf伊原主廚詳細完整教學

保證

絕對不會失敗的
麵包製作

前言

　　在我開班的麵包教室，常有學生們帶著各種疑問而報名：「怎麼做都不成功」、「不知道哪裡不對」...等。聽了許多各式各樣的詢問後，從這些「為什麼會失敗」的問題當中，我發現如何傳授麵包不會失敗的製作要領及重點。

　　在麵包相關的書籍裡，經常會用「當麵團表面變光滑時」、「當麵團膨脹成2倍時」、「烘烤出漂亮烤色時」來表現狀態。但這些狀態，無論哪一種的判斷都非得要倚賴長久的經驗及手感，而且不是光用數據就能適當的表現出來。即使是專業麵包製作者能理解，但對於麵包製作經驗較少，或是完全沒有製作經驗的人而言，不會失敗地進行麵包製作，真可說是萬分困難的課題。因而在本書中，不用倚靠經驗和感覺的方式，而是以無論何時，由誰來揉麵團、烘烤，都能烤出相同成品地，採用以數據來說明麵包製作的方法。

　　有幾項必須要遵守的數據、規則，所以絕對不能說是輕鬆。但是只要能確實遵守這樣的規則，就保證一定能不失敗地烘烤出美味的麵包，因此也或許在某個程度上，也可稱之為簡單吧！本書中，以我個人的角度，解說到目前為止都沒有公開傳授的麵包製作秘訣，雖然或許會有點困難，感覺有點麻煩，但希望大家都能真的試著挑戰看看！為什麼希望大家挑戰看看呢？因為麵包製作上的小小麻煩和困難之處，才正是麵包製作最令人感到愉悅及趣味的地方。

　　雖然才說「不需要依賴經驗及感覺」，但麵包製作的深度，必須要能專注窮究其感覺，並且藉由經驗的累積更能夠體會。或許聽來非常矛盾，但若能以「絕對不會失敗」的麵包製作為出發點，接著以製作「更加美味」的麵包為中繼站，在過程中就會需要經驗和感覺。之後，再進展為「個人創作」的麵包，如同推開大門進入有趣得令人著迷的麵包世界，這也正是我撰寫本書的最終目標。

2011年6月

Zopf 負責人與主廚　伊原靖友

目 錄

膨鬆柔軟中恰到好處的Q彈
**用膨鬆軟Q麵團製作
13種麵包**

膨鬆軟Q麵團基礎篇
餐包與奶油卷——18

製作麵包之前

- 烘焙比例是以麵粉（本書當中的麵粉）用量為100％，其他材料的用量相對於麵粉比例的標示方法。
- 1小匙5cc、1大匙15cc、1杯200cc。
- 手粉或揉和手粉，使用與麵包麵團相同的麵粉。
- 烤盤上請薄薄地刷塗上酥油等油脂，或是舖放上烤盤紙。刷塗油脂時可以利用海綿等更易於推開。
- 在金屬製的模型或蓋子上，也薄薄地刷塗上酥油或舖放上烤盤紙。
- 本書當中使用的主要材料（高筋麵粉、鹽、砂糖、脫脂奶粉、奶油、葡姆葡萄乾等），在Zopf的網站 http://zopf.jp/l/material.html 也能選購。
- 麵包製作或發酵用的工具，也能透過亞馬遜 http://www.amazon.co.jp 等網站購得。
- 烘烤模型使用的是YOSHIYO工房 http://www.yoshiyo.com 的商品。
- 本書當中，使用以下的專業用語。
    - 麵團溫度＝麵團的溫度
    - 粉溫＝麵粉的溫度
    - 實溫＝實際的溫度

伊原主廚的麵包講座

麵包酵母是生物，麵包是其創造物

在著手開始麵包製作之前，首先試著想想麵包是如何形成的吧。

麵包，是藉由稱為麵包酵母（Yeast）生物的"活力"所蘊釀而成的創造物，但卻不只是在麵粉中添加酵母這樣單純。首先要先認識麵包酵母是活的生物，並且在瞭解其特性之後再進行麵包製作吧。請不用想得太困難！酵母在寒冷環境下會失去其活力，過熱也會造成滅亡，想使它急速成長也不是絕對可行，反之過度緩慢又會失去最佳時機...這些感覺十分具人性化的轉折點，在麵包製作過程中隨處可見。

發酵究竟是什麼？

麵包製作過程中，最重要的步驟就是「發酵」。發酵有兩個目的。其一是使麵團「膨脹」，其二是使麵團「熟成」。

例如，本書當中的奶油卷（→P.18）在製作時，食譜中麵團溫度28℃、發酵50分鐘時，會膨脹成2倍大。若是僅追求膨脹，增加酵母用量就會更容易膨脹；將麵團溫度提高至28℃以上，不需要50分鐘也能膨脹至2倍以上。若只是需要麵團膨脹，還有上述這些方法。

但是，若是採用這樣的方法，結果...應該要充分膨脹起來的麵團，在烘烤完成後會產生凹陷、留有酒精味，變成十分難以下嚥的麵包。是的，沒錯。發酵還有另一個很重要的作用，就是使麵團產生彈性、口感，更能散發出令人感覺美味舒適的香氣，也就是「熟成」的作用。

只要測量「麵團溫度」，無論何時都能製作出相同麵團

瞭解酵母及發酵之後，接著要和大家談談，我所認知麵包製作時的重要關鍵。就是「溫度」和「時間」兩大項。

首先是「麵團溫度」，這裡出現的應該是大家不太習慣的用語。這是我在製作麵包時，也是本書當中的關鍵字，更是重要規則。麵粉中添加了酵母和水，製作出麵包麵團，使麵團成為最佳狀態，因而能製作出美味的麵包。那麼必須要確認的就是「什麼樣的環境最適合麵團？」、「什麼樣才是最佳狀態？」。要解答這些問題，重要的關鍵就在於麵團溫，也就是麵團的溫度。測量麵團溫度是非常重要的步驟。

充分瞭解麵包的製作者，應該都聽過「揉和完成時的溫度」這個用語。完成揉和當下的麵團溫度，專業麵包製作時都是用此說法。這也是麵包製作上最為關鍵之處，所以近來的食譜，即使是在家製作麵包，也都有揉和完成時的溫度標記。但揉和完成之後的作業，特別是關於麵團溫度的部分，幾乎沒有特別註明。這個時候大都以「○℃發酵○分鐘」來標記，大部分標示為「溫度管理」。

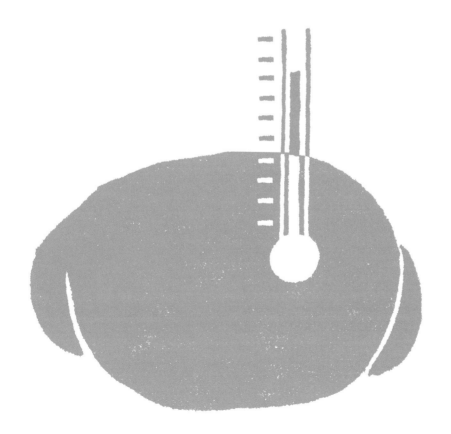

「房間溫度」與「麵團溫度」是不同的

麵團溫度，在各種狀況下會逐漸產生變化。即使房間保持在同一溫度，也不能確保麵團會隨時保持相同狀態。這裡就是一個很大的陷阱！例如，製作者的雙手為冰涼狀態時，即使在相同條件下揉和麵團，揉和完成溫度也會產生2~3℃的落差。另外，冬季十分寒冷時，即使房間內保持溫暖，但工作檯若仍是冰涼狀態，作業過程中麵團也會因而降低溫度。

也就是若僅僅確認環境是指定的溫度，也不見得能充分確保麵團溫度的升高，那麼就無法在最適度狀態下進行發酵。從隨時注意麵團溫度以及確認麵團溫度狀態為重點，留意製作，即可確保每次都能製作出相同狀態的麵團。因此，要注意的不僅只是揉和完成時的溫度，應該在整體作業流程中，隨時仔細測量麵團溫度，溫度過低時加溫，過高時則降溫（雖然幾乎沒有降溫的需要）。這就是我個人的製作方式。

本書當中介紹給大家使用熱帶魚水槽用的加熱器，和寵物用的加熱絨毯，以此方法來進行麵團溫度調節。這個方法非常能順應狀況方便使用。但在家裡製作時，也可以試著用其他工具。像是冰箱的上方幾乎隨時都保持在30℃的話，就可以試著利用看看。但太陽光直射的紫外線或日式暖爐桌的紅外線，會使麵團產生乾燥等缺點，因此在表面覆蓋保護麵團的動作絕對必要。麵包麵團就像是培育具生命的物質一般，請千萬不要忘記。

遵守作業時間的意思

專注投入步驟中而忘記時間，這樣的事常發生，但麵包製作上，不只是發酵時間，所有的「時間」都請務必多加留意重視。時間是第二個關鍵字，也是重要規則。

為什麼時間很重要呢？這是因為麵團至放入烤箱為止，其實都持續不斷地在發酵中。例如，某項作業若花了1小時來進行，完成後，這個麵團與依規定在10分鐘內完成的麵團會有很明顯的不同。請大家千萬不要忘了作業時間與發酵時間。

在本書當中，做為基礎的麵包，除了麵團發酵時與烘烤時間之外，其餘的揉和、整型等作業，標示的作業時間都是參考標準。為了讓持續發酵的麵團能在最佳狀態下烘烤，請努力儘量在作業時間內完成各個步驟吧。

確實掌握烤箱的實際溫度

最後，來談談關於烤箱溫度的部分。麵包製作的最終作業「烘烤」，無論如何努力失敗於此的人相當多！

最大的問題，就在於將自家烤箱設定成食譜的指定溫度時，無法確知實際到底是幾度？所有的問題都源自於此。無論使用的是電烤箱或瓦斯烤爐，都有同樣的問題。

烤箱本身，即使接上電源設定成200℃（設定溫度），實際的溫度（實溫）也可能不會達到200℃。

在麵包教室的學生裡，曾經有人將溫度設定至200℃，但實際溫度卻僅只有140℃（這位同學長久以來都非常煩惱無法烘烤出理想的麵包）。

正因為有這樣的狀況，所以在開始製作麵包之前，務必先確定自己家裡的烤箱實際溫度（實際溫度的量測方式→P.10）。否則特地做出狀況良好的麵團，卻無法烘烤出美味的麵包，實在沒有比這更令人扼腕的事了。

掌握控管溫度和時間的數據，並利用雙手和眼睛感受確認，雙管齊下，應該就能達到「保證絕對不會失敗」的麵包製作。

您家中的烤箱是什麼樣特性呢？

微波烤箱如何傳熱？

家庭中普遍廣泛使用的是將烤箱與微波爐結合為一的微波烤箱。這種類型的烤箱，在機器內側壁面裝有加熱器與像電風扇般的扇葉，吹出熱風的同時使熱隨之循環而達到烘烤的構造。這種結構的烤箱就稱之為「旋風式烤箱」。

微波烤箱，在熱風出口附近的實際溫度較高。另外，依照烤盤放入位置的高低，實際溫度也會因而不同。因此量測實際溫度時，將烤盤放置在實際烘烤麵包的高度上，再將烤箱溫度計（→P.14）的刻度朝外地放置並量測。

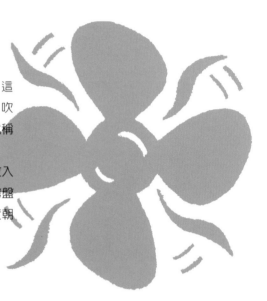

0
235c°
200c°
175c°
150c°
125c°
100c°
80c°

烤箱實際溫度的測量方式

首先，將烤箱溫度計放置在上述指定的位置，不預熱烤箱地將溫度設定在180℃，按下開始烘烤的按鍵。可以看到烤箱溫度計指針漸漸升高，但一陣子之後就不會再移動了。請記錄下此時的實際溫度。

接著將設定溫度調高10℃，同時依相同要領地記錄下實際溫度。如此重覆每升高10℃地記錄實際溫度。如此一來，就能瞭解到設定溫度與實際溫度有多少的溫差，或是幾乎沒有溫差。

間隔10℃的實際溫度量測，並不是測完一次就結束，建議定期地進行。因為有時也會因使用次數而使實際溫度產生變化。

所謂「預熱」指的是什麼？

在烘烤麵包前，請預必先加熱烤箱。這就稱為「預熱」。並不是麵團放入烤箱後，按下開關，而是事先將溫度提高到指定的溫度，再放入麵團。

預熱時，設定的溫度會比烘烤麵包的溫度提高30℃的實際溫度。當烤箱內溫度達到設定溫度時，就能放入麵團。麵團放入後，將溫度設定成較預熱溫度低30℃，回復到烘烤溫度，並依指定時間完成烘烤。

為什麼預熱時要調高30℃呢，這是因為微波烤箱即使事先預熱，但在打開箱門放入麵團時，烤箱內的溫度也會隨之降低。而當加熱器升高溫度的過程中會吹出熱風，為了避免這樣的熱風造成麵團的乾燥，因此預熱時先提高30℃，隨著開關箱門後降下30℃，加熱器也不會產生額外的加熱動作。

使用微波烤箱的重點？

裝有扇葉機種的烤箱，在熱風出口附近的麵團較容易烤焦，會造成烘烤不均，或表面乾燥而影響到麵團膨脹。

此外，麵團放置的位置低於扇葉時，無法達到下火的作用（來自下方的熱量不足），只有烘烤麵包上方，很容易烘烤成半生不熟的狀態。特別是大型麵包，同時有下火的烘烤較能烤出美味的麵包，所以將烤盤放在風扇上方較好。

新型的機種，改良成下段也能接收到下火的設計，同時還能儘可能減少烘烤不均。雖然如此，即使買了最新機種，還是必須要進行實際溫度量測、測試烘烤並找出最適合烘烤的位置等，也不能忘了必須努力掌握烤箱的特性。烘烤出美味麵包與此息息相關。

麵包製作的材料

麵包的材料，幾乎都是家庭中必備的食材。只要購買酵母，每個人都能輕易地著手製作。
若能更詳細瞭解每種材料的作用，則能更加享受其中製作的快樂，也能做出更美味的麵包。

高筋麵粉（小麥粉）

高筋麵粉，是麵粉中含最多蛋白質的種類。可以在超市等購得。也可以就近選購，還可以依品牌來選擇。

＊以品牌來選購時，請參考蛋白質及灰分的含量。同樣的揉和方式，蛋白質含量越多越能膨脹起來，成為柔軟的麵包。所謂的灰分，指的是存在於小麥表皮及胚芽上的礦物質含量，會影響到麵包的風味。若以日本酒及其原料的白米來舉例，就比較容易瞭解。白米幾經碾磨後，僅存米芯製作出來的，是大吟釀。爽口但少了一點點的美味感。麵粉 也是一樣的，灰分成分越少，麵包也會少了其中的深度及美味感。但灰分具有阻礙麵包彈性及膨脹的作用，所以使用灰分成分過多的麵粉，會使麵團坍軟也不容易膨脹。並且，相較於進口麵粉，日本國內生產的麵粉也有較鬆軟的傾向。

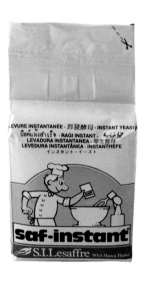

即溶乾燥酵母

酵母，具有使麵團發酵，產生麵包香氣的作用。因為新鮮度非常重要，使用後密封放置於冷凍庫保存，並請於1年之內用完。本書當中，使用的是不需預備發酵的「即溶乾燥酵母」。我個人推薦使用SAF的「金標」。使用包裝上標示著「高糖麵包用／相對麵粉糖分用量12%以上」的產品。

＊SAF的酵母，還有其他「紅標」、「藍標」，可依糖分用量及發酵時間來使用。金標，用於糖分較多的麵團或6小時內完成發酵的麵團，紅標及藍標則是用於糖分較少，發酵時間6小時以上的麵團。若不知該用哪一款時，就使用金標。

鹽

在我的麵包店使用的是天日鹽。若受潮，在量測用量前，請先用平底鍋乾煎使水分蒸發。

砂糖

店內用的是「粗糖」。是精製成上白糖或細砂糖前，粗粒帶著茶色的砂糖，含有豐富的礦物質和濃郁風味。若是無法購得，請使用上白糖來代替。市售的蔗糖，因礦物質含量過多，會使得麵團坍軟而不容易進行作業。

奶油

使用的是無鹽（不加入食鹽）奶油。包括發酵奶油，請依個人喜好來使用。也可以使用奶油中加入乳瑪琳的「合成乳瑪琳」。若是在烘烤當天食用，建議使用奶油。使用乳瑪琳時，即使烘烤隔天也仍會留有潤澤的口感。
奶油放入麵團中揉和時，用擀麵棍敲叩剛由冰箱取出的冰涼奶油，使其軟化。若使用融化奶油加入麵團時，做出來的就是沒有延展性、脆口的麵包。

脫脂奶粉

牛奶抽去脂肪成分後製成的粉末，就稱為脫脂奶粉。便宜且保存性高。若有結塊時請用茶葉濾網過篩。以牛奶取代脫脂奶粉時，以脫脂奶粉10倍重量的牛奶替換，並減少水分用量。牛奶中有9成是水分，因此加入麵團中的水分含量就必須扣除牛奶中的含水量。

雞蛋

在本書當中的麵包，僅使用蛋黃。具有使麵包柔軟且香濃的作用。加入蛋白烘烤，完成的麵包會變硬。

水

可以直接使用自來水。或是能用淨水器過濾更好。

麵包製作的工具

麵包製作的工具當中，除了烤箱或微量秤等必要的工具之外，也有若能備齊會更方便的工具。
想要順利完美地製作麵包，那麼工具是不可或缺的。絕對有幫助！

● 必要工具　　● 備齊會更方便的工具

烤箱 ●

有分電烤箱和瓦斯烤箱，但無論哪一種都可以。新的機種溫度可以設定至300℃，還有蒸氣等功能，烘烤麵包的功能一應俱全。不要以設定溫度來判斷，請先用烤箱溫度計確認烤箱內的溫度吧。→P.10

量秤 ●

用於量測麵粉、水、奶油、蛋黃等較大用量的材料，使用的是1g為單位，最大可量測至2kg的量秤。

微量秤 ●

可以量測至0.1g的量秤。酵母或鹽等，0.1g的差異都會影響到成品。但以微量秤量測過重的材料會導致故障，請嚴禁此行為。

溫度計 ●

頻繁地量測麵團的溫度，是做出好麵包的捷徑，讓溫度計成為最好的夥伴。推薦使用電子顯示的溫度計（約1500日圓）比較方便。

烤箱溫度計 ●

量測烤箱內溫度的溫度計。溫度計必須能量測至300℃（約1200日圓）。但量測時會變得很燙，取出時請使用隔熱手套。

缽盆 ●

備齊了混拌材料用的大缽盆（直徑30cm），量測材料用的中缽盆（直徑23cm）和小缽盆（直徑13cm），就非常方便了。

切麵刀 ●

分割麵團時所使用的金屬工具。為方便抓握地附有握把。

刮板 ●

用於混拌材料、揉和麵團、整合麵團等，利用曲線部分乾淨地刮落缽盆內麵團，直線部分也能用於分割麵團等，是可多用途使用的方便工具。

橡皮刮杓 ●

有橡皮刮杓就能將雞蛋等糊狀材料，乾淨確實地舀起。量測過的材料，沒有耗損地使用是最基本的原則。

手持式攪拌器 ●

混拌粉類時用大的攪拌器，將酵母攪拌至水中時可以用小的攪拌器，分別擁有2種尺寸就非常方便了。

擀麵棍 ●

使用於擀壓麵團。直徑3cm長30cm的擀麵棍，無論是何種材質，表面沒有凹凸的就可以。

計時器 ●

意外地大家常會遺忘，就是遵守規定的時間。時間與溫度是兩者一體的。為了避免過程中一不小心忘了時間，請多利用計時器吧。

保麗龍箱 ●

在其中倒入熱水，放進麵團進行1次發酵。保麗龍箱的保溫效果很好，插入溫度計也非常方便。也有販售做為保冷箱（約1000日圓）。請選擇可容納裝有麵團塑膠容器的大小。

熱帶魚用加熱器 & 溫度調節器 ●

熱帶魚水槽用的加熱器，非常適合用於保持麵團的發酵溫度。保麗龍箱內裝入30℃左右的熱水並以加熱器保溫。建議使用附有防止空燒，30cm水槽用的加熱器裝置（約3000日圓）。

塑膠容器 ●

揉和完成的麵團放入其中，連同容器一同浸泡在熱水中，開始進行1次發酵。500g的高筋麵粉製作而成的麵團，塑膠容器的大小約是2L程度，是最方便使用的尺寸。使用透明的塑膠容器，用橡皮圈做出記號，膨脹了多少即可一目瞭然。

寵物用加熱絨毯 ●

使用於發酵或中間發酵時，溫熱麵團使用。寵物用的大小尺寸正好，溫度設定成略低的28℃~38℃，即可方便使用。

保溫墊 ●

使用於發酵時，覆蓋在麵團上使其保溫。會以「隔熱墊」、「survival sheet」的名稱來販售（約600日圓）。

毛刷 ●

用於將蛋液刷塗在麵團表面。建議可以選用不用擔心掉毛，且容易保持清潔的矽膠製品。

小刮刀 ●

在填入「紅豆麵包」、「奶油麵包」、「咖哩麵包」等，用於將內餡填裝至麵團時專用的刮刀。本書當中使用的是長20.4cm的商品。

茶葉濾網 ●

使用於將麵粉篩撒在完成最後發酵的麵團表面，或是烘烤完成時篩撒上糖粉等。可以薄薄均勻地篩撒在表面。

工作檯 ●

揉和、摔打敲叩麵團時，表面平滑且不易沾黏上麵團的工作檯非常必要。本書的麵包，工作檯約是60×90cm，重5~6kg的大小重量最為合適。Zopf的麵包教室內，使用的是用兩片厚1cm的合板接合，表面貼上美耐皿樹脂melamine resin（使麵團易於剝落的材質）訂做的特製工作檯。

工作檯止滑墊 ●

在桌面上放置工作檯時，為避免在揉和過程中工作檯滑動，會先鋪放上矽膠等製成的網狀止滑墊使其固定。

布巾 ●

用於溫熱工作檯。用水沾濕後，裝入塑膠袋內以微波加熱成熱布巾。使用像小毛巾尺寸（30×80cm左右）的即可。

塑膠袋 ●

調整溫度時將麵團放入、覆蓋在切開後的麵團上防止乾燥、放入熱布巾等，可多方利用非常方便。

本書中使用的模型

不知您是否曾有過「想要做出和麵包店相同麵包」的想法呢？
模型可以為您實現。即使麵團相同，放入模型中烘烤或直接烘烤，風味和口感都會有所不同。
請大家挑戰看看憧憬中的方型吐司和奶油麵包卷吧。

吐司模、方型模

左：附蓋吐司模。19.3×10.3
×高8.5cm、容量1500cc。
→P.32
右：方型模。18.2×8×高9
cm、容量1200cc。
→P.38、70

＊沒有相同尺寸的模型時，可
以準備尺寸相近的模型，放入
水以量測其容量。測得的容
量，雜糧吐司除以3.5，紅豆大
理石吐司除以4.3，宇治金時和
葡萄乾吐司則除以4。所得的數
據就是符合此模型的麵團重量。

皮力歐許・阿特多模

烘烤帶著小小頭型的「皮力歐
許・阿特多」的模型。波紋處
10 cm、直徑7.5cm。→P.78

圓柱模

烘烤成圓柱形的模型。為使
模型整體容易受熱，周圍是
網狀構造。以彎鉤固定開
關。直徑11×長20cm、容
量1400cc。→P.36

塔模

底板可拆式塔模。24.7×9.9×
高2.3cm。→P.84

紙杯

擺放滿滿食材的麵團製作
時，紙杯就非常方便好用
了。兩個紙杯疊用可以增加
強度，避免形狀崩垮。直徑
9cm×高3cm。→P.46、48

磅蛋糕紙模

烘烤成方型長條的麵包，容
易分切也容易包裝。使用磅
蛋糕紙模非常適合烘烤成禮
物。17.5×6.5×高4.5cm。
→P.44

圓錐模

圓錐模是將麵團捲在模型上
的一種造型模。中間空洞是
要讓手指插入方便捲動，推
薦選用鐵氟龍加工的商品。
直徑3×13.5cm。→P.82

膨鬆柔軟中恰到好處的Q彈

用膨鬆軟Q麵團製作

嚼感就是
最大的魅力

13種麵包

膨 鬆 軟 Q 麵 團 基 礎 篇

餐包與奶油卷

Table Roll
&
Butter Roll

材料	（餐包約15個或 奶油卷約13個）	烘焙比例
高筋麵粉	300g	100%
鹽	6g	2%
砂糖	36g	12%
蛋黃	15g	5%
脫脂奶粉	9g	3%
即溶乾燥酵母 （SAF金標）	4.5g	1.5%
水	168g	56%
無鹽奶油	54g	18%
蛋液（光澤用）		適量
高筋麵粉（裝飾用）		適量

膨鬆軟Q的麵團特徵，就是柔軟中帶著恰如其分的彈性。
為了形成這樣的彈性，利用「揉和」「摔打敲叩」這兩大作業，確實進行就是很重要的訣竅。
即使是同樣的麵團，一旦形狀改變口感也會隨之不同。這也是麵包製作的樂趣。
簡單地滾圓製作而成的餐包，口感就是更為柔軟的麵包，
而擀壓麵團後再捲起製作的奶油卷，
成品則會成為具有彈性及口感的麵包。

 ## 完成烘烤前的時間表

製作美味麵包的2個基本條件——那就是溫度和時間。
管理麵團溫度，依照規定時間進行，就能做出與專業麵包師父並駕齊驅的口感！
一旦各作業時間過長，麵團狀態也會隨之產生變化，
所以請參考各階段時間表。

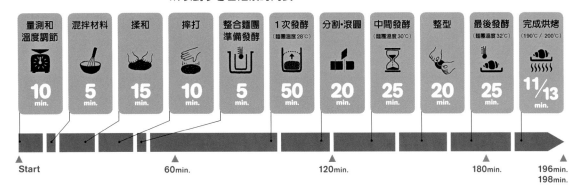

量測和溫度調節	混拌材料	揉和	摔打	整合麵團準備發酵	1次發酵(麵團溫度28℃)	分割·滾圓	中間發酵(麵團溫度30℃)	整型	最後發酵(麵團溫度32℃)	完成烘烤(190℃/200℃)
10 min.	5 min.	15 min.	10 min.	5 min.	50 min.	20 min.	25 min.	20 min.	25 min.	11/13 min.

▲ Start　　▲ 60min.　　▲ 120min.　　▲ 180min.　　▲ 196min. 198min.

 ## 量測和溫度調節

正確地進行量測。
量測鹽和酵母的微量秤是必需品！

保證絕對不會失敗的麵包製作第一步，就是「正確地量測」。僅是用量的略微不同，完成品也會隨之變化。特別是只使用極少量的鹽和酵母，必須用以0.1g為單位的微量秤來量測。
為了保持麵團溫度為28℃，請量測室溫和粉類溫度並計算出水的溫度。

用量秤各別量測出高筋麵粉、砂糖、蛋黃、脫脂奶粉、水和無鹽奶油。

用微量秤各別量測出鹽和酵母的用量。
●酵母等0.1g的差異都會影響到完成品，請務必用微量秤量測。

用水濡濕布巾放入塑膠袋內，利用微波爐的溫度設定機能溫熱至40℃，放置在工作檯上。
●熱布巾除了盛夏的季節之外，幾乎都需要。

以保持麵團溫度28℃為目標，量測室溫及粉類溫度，依以下算式計算出參考的水溫並加以調節溫度。
●（室溫＋粉溫＋水溫）÷3＝28℃為參考標準。

混拌

請注意混拌的順序！

「混拌」必須依4個步驟進行。

最重要的是不能省略步驟，不要弄錯順序。

5

用攪拌器混拌高筋麵粉。加入鹽、砂糖、脫脂奶粉繼續混拌。粉類溫度過低時請在底部墊放熱布巾。

●混拌是要使其飽含空氣（氧氣）。酵母菌增生時氧氣不可或缺。

6

在調節過水溫的水分用量（溫水）中添加酵母，充分混拌使其溶解。

●水溫不可超過40℃。

揉和

揉和作業約100~200次。

量測麵團溫度，

仔細調節麵團溫度。

麵團揉和之後，會產生稱之為麵筋的網狀組織。越是揉和麵筋組織會更加結實。要做成「鬆軟但又有彈力嚼感」的麵包，揉和作業絕對不能偷工減料喔！

奶油必須在麵筋組織確實形成後再放入混合。若在網狀組織尚未形成前混入，製作出的不是「Q彈」而是「酥脆」的麵團了。這樣的「Q彈」正是這款麵包美味的魅力之處。

麵團溫度也不能忘記，在揉和過程中必須量測很多次，未及28℃時以熱布巾溫熱工作檯，29℃以上，則用冰布巾冷卻。

10

將麵團取出放置於工作檯。此時仍是乾燥鬆散狀。

11

①利用刮板的直線邊緣，將麵團由遠處舀起朝自己的方向覆蓋。②另一手的手掌則是按壓在麵團正上方。

●按壓時手指併攏。

15

在揉和過程中，不時地量測麵團溫度，確實維持在28℃。

●溫度計前端2cm插入麵團中進行量測。

16

未及28℃，用熱布巾溫熱工作檯後再繼續進行作業。

19

在冰冷的奶油上覆蓋塑膠膜，用擀麵棍敲叩使其軟化。

●冰冷狀態下使其軟化就是重點。溫熱軟化，奶油的特性及作用也會因而改變。

20

敲叩展延的奶油覆蓋在麵團上。

7

在6之中放入蛋黃，混拌。
●酵母溶化後加入蛋黃。若蛋黃先混拌，則酵母會被蛋黃包覆而不易溶於水。

8

在7之中加入5的粉類，以刮板舀起麵團向上翻起折疊的方式混拌。
●重點在於不是「粉類加入水中」，而是「水中加入粉類」。迅速進行地使其均勻滲入水中。

9

水分被粉類吸收至消失時，即可結束混拌。
●即使仍有粉類殘留也沒關係。

12

✕
錯誤例

不要將麵團壓成大片的薄片狀態。請整合成可按壓在手掌內的大小，舀起並覆蓋。
●攤成薄平狀，麵團溫度會降低並且麵團會變得乾燥。

13

當整合麵團之後，用雙手以全身力量揉和。①首先將麵團折向自己身體的方向，②對折疊放。

14

由身體方向朝外推壓。按壓力道，是按壓時麵團會沾黏至工作檯的程度。13・14的一連串動作，重覆約100次。不習慣的人或是手掌較小的人，則約進行200次。

17

不時地檢視麵團外側（工作檯的接觸面＝完成時的表面），確認表面是否呈現粗糙狀況。
●麵團過度用力按壓，就會造成外側的粗糙。

18

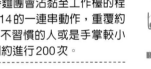

放入奶油前的麵團。表面雖然呈現光滑狀態，但用手指拉開麵團，並無法薄薄地延展開。

21

用刮板分切成4等分。
●手掌較小的人，可以再切得更小塊，以方便後續的作業。

22

將奶油與麵團一起用手抓揉，並迅速進行。

23

當奶油顆粒消失，就是揉和完成時。麵團表面沾黏並且紊亂。用刮板整合麵團並量測麵團溫度。
●未及28℃時，用熱布巾（為避免奶油融化地將溫度保持在35℃）溫熱工作檯。

摔打・整合麵團

首先，先摔打敲叩100次。
由眼睛高度向下摔打。
緊實麵團。

這種麵團特徵在於具有彈力的口感。
為了呈現這樣的口感，摔打緊實麵團，使得麵筋組織更加結實。
摔打還能使麵團紋理變得更加細緻。

摔打敲叩作業，以低於腰部的工作檯進行。雙手將麵團舉至眼睛高度後，朝向工作檯摔落敲叩。
●摔打敲叩，雙手要完全放開麵團。

摔落下的麵團，由自己的方向朝前對折。感覺像是「包覆住空氣」般折疊。重覆24・25的動作100次。

摔打敲叩作業完成的標準，是麵團出現光澤，拉開時可以呈現薄膜狀態。確認麵團溫度是否達到28℃。

未及28℃，將麵團放入塑膠袋內壓平，放置於35℃的熱水中溫熱。
●壓平會比較容易溫熱麵團。35℃的熱水，約1分鐘可以升高1℃。

1次發酵

保持麵團溫度28℃
使其在50分鐘膨脹成2倍。

「發酵」是使麵團在膨脹的同時
也使其熟成的一項作業。
只要遵守酵母用量與溫度，
膨脹成2倍的時間也會相同。
發酵時間中蘊藏著產生美味的要素，
所以請務必依規定時間進行發酵。

在保麗龍箱內倒入28℃的熱水，將熱帶魚用附有溫度調節的加熱器設定在28℃。
●加熱器請務必沈入水中。一旦露出水面有可能起火，會有危險。

將31的麵團放入塑膠容器內，以手握拳平整麵團表面，在麵團高度處套上橡皮圈標記。
●量測麵團高度，在其高度2倍處也套上橡皮圈做為發酵高度參考。

分割

避免損及麵團，
以最少次數進行分切。

所謂的「分割」，就是將大塊麵團分切成預定的大小。

麵團會沾黏，可以蘸上許少高筋麵粉在手上，工作檯上也用手指輕彈地撒上高筋麵粉（手粉、揉和手粉）。
●手粉和揉和手粉，是用於避免麵團沾黏於工作檯及雙手時。

倒扣容器，避免損傷麵團地取出至工作檯上。首先切成長條狀。切麵刀咚咚地由上而下垂直切下。

22

26

重覆摔打20次，就能成為具有延展性的麵團。但仍請重覆100次。
●100次的摔打敲叩，可以結實麵筋組織，折疊的動作使空氣進入麵團，以活化酵母的作用。

29

將麵團滾圓。刮板從70°的角度推動麵團，由右向左直向推動。另一側也是同樣方式進行。
●有角度地插入推起，為了使麵團向下捲動，形成圓形。

30

左右的推動完成後，前後也以同樣方式進行。

31

用刮板不斷轉動方向重覆29·30的動作，重覆4~5次，就能整型成漂亮的形狀了。
●用刮板推動的方法，比用手整合更簡單。

34

將裝有麵團的容器放入32的保麗龍箱內，表面覆蓋上塑膠膜。

35

蓋上蓋子，穿透箱蓋地插入溫度計。保持這個狀態50分鐘進行1次發酵。確認在發酵過程中麵團仍保持在28℃。

36

發酵後　　發酵前

麵團溫度保持在28℃，約50分鐘即可膨脹成2倍。若未能膨脹成2倍則是麵團溫度過低。
●麵團溫度未及28℃，可以延長10分鐘。或提高熱水溫度加以調整。

39

用量秤量測，餐包是40g，奶油卷是45g。
●若正確地量測，就不會有烘烤不均的狀況。

40

量測時，麵團平整光滑面朝下放置，重量不足，再放上小塊麵團調整重量。

41

完成分割後，排放在烤盤上，覆蓋上塑膠膜以防止乾燥。
●麵團切成小塊後溫度更容易降低，因此在分割作業時，也要仔細地用熱布巾溫熱工作檯。

排氣

不僅只是排出氣體，
還能使氣泡變得細小。

所謂的「排氣」，並不是完全排出氣體，還要使氣體的氣泡變細，
使氣體均勻分散於麵團中。

42 平整光滑面朝上地將麵團放置在工作檯上。

43 併攏手指地用手掌，由邊緣開始緩慢地按壓。麵團厚度均勻地進行按壓。
●之後，立刻進行46的作業。

 ## 滾圓・中間發酵

將麵團整合成球狀即是「滾圓」。
「中間發酵」
是指麵團靜置的時間。

將麵團滾圓成球狀，可以容易留住麵團中的氣體，使麵團均勻地膨脹起來。此外，使表面呈現漂亮光滑狀，朝著下一個步驟「整型」前進，完成漂亮麵包的過程。
「中間發酵」，則是為了容易接著進行「整型」作業，因而必須要有的時間及步驟。

46 排氣後的麵團，光滑面朝下地縱向放置在工作檯上。

47 遠端的1/3折向中央，再由靠近身體的1/3向中央折疊。

51 右手指尖彷彿包覆住左手姆指般地將兩側麵團向中央聚攏。

52 將麵團旋轉90˚，重覆51的作業，使麵團成為球狀。最後將聚攏的麵團接口確實抓緊閉合。

 ## 餐包的整型

因為麵團是不斷地持續進行發酵，在20分鐘內整型完15個麵包！

所謂的整型，是將麵團配合完成時的形狀，將其整合成圓形或棒狀等。整型過程中當然麵團仍在不停地發酵，因此以20分鐘為目標地完成整型吧。

56 餐包的整型方法，與排氣、滾圓（42~53）的方法相同。首先併攏手指，由麵團邊緣開始按壓排氣。

57 縱向放置麵團，外側1/3朝向中央折疊，自己的1/3也向中央折疊，轉動90˚，再次由兩端向中央折疊1/3，確實閉合接口處。

44

╳ 錯誤例

不要將手指張開地進行按壓。如此無法均勻按壓麵團。
●麵團整體以相同力道按壓非常重要。按壓方式不均勻則麵團中的氣體含量也會不均勻。

45

╳ 錯誤例

過度用力按壓，麵團中的氣體會被完全排出，請多加注意。

48

麵團旋轉90°，由兩側開始朝中央各折疊1/3。

49

折疊完成，接口處與下方麵團貼合地捏起。

50

平整光滑面朝下地放置在左手，左手姆指按壓在接口處。

53

接口處朝下地放置在手掌上，另一手以45°傾斜角度朝自己身體方向滾動麵團，將麵團底部掖入地緊實表面。

54

以適當間距排放在烤盤上，覆蓋塑膠膜。

55

使用加熱絨毯或保溫墊，將麵團溫度提高至30℃，放置25分鐘進行中間發酵。

58

依50~52的重點，整型成為球狀。特別注意使表面呈光滑狀態。

59

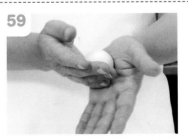

依53的重點，將麵團整合成表面光滑且具彈性的球狀（請參照右邊照片）。之後，進入71進行最後發酵。

60

╳ 錯誤例　　○ 正確例

底部狹窄，具高度的狀態。
●小型麵包的底面積過大，烘烤時會因容易傳熱而使麵包變硬。

奶油卷的整型

分6個步驟進行整型。
每道步驟間需靜置麵團。

奶油卷是依橢圓棒狀→棒狀→水滴狀
→長水滴狀→扁平水滴狀→卷形這6個
步驟來完成。麵團不易延展,就靜置
2~3分鐘,等待麵團鬆弛。

61

依42~45的要領進行排氣,將平
整光滑面朝下縱向放置麵團。

62

整型成橢圓棒狀。①朝身體方向
小小折入並輕輕向前推壓,緊實
捲折處。②重覆同樣的捲折按壓2
次,捲折結束後用指尖使接口確
實閉合。

橢圓棒狀　水滴狀

開始捲動形成　麵包卷
中央部分

66

①按壓其中一端。②按壓端邊向
下按壓邊用一手輔助地前後滾動3
次,使其形成水滴狀。

67

覆蓋塑膠膜,靜置2~3分鐘後,較
細端邊按壓邊前後滾動3次,使麵
團拉長成約12cm的長度。

 最後發酵

只要調整發酵時間,
就能改變口感。

鬆弛因整型而緊縮的麵團,使烘烤時
麵團能呈現最大的膨脹狀態,這就是
「最後發酵」。

71

墊放加熱絨毯使麵團溫度提高至
32℃,避免乾燥地覆蓋上塑膠膜。
●也可以利用烤箱的發酵機能。

72

覆蓋上保溫墊以提高保溫效果,
保持麵團溫度32℃,使其發酵25
分鐘。
●也可以在加熱絨毯和烤盤間墊放上
毛巾以調節溫度。

 裝飾·完成烘烤

事先確認烤箱的設定溫度
與實際的溫差。

麵團烘烤完成的作業稱為完成烘烤。
本書當中完成烘烤的溫度,都是「實
溫=實際溫度」。烤箱的設定溫度與實
際溫度常會有差異,因此用烤箱溫度
計量測烤箱內的溫度,請務必以實際
溫度來進行烘烤。

73

放入烤箱之前,可以依個人喜好地
篩撒上高筋麵粉。照片是餐包。
●篩撒上麵粉,麵粉會反射熱,緩和
受熱而烘烤出較為柔軟的麵包。

74

也有刷塗蛋液的方法。手持毛刷握
柄的底部,以平行方向刷塗,由上
而下地沿著捲起的形狀刷塗。
●刷毛蘸取蛋液必須適量再刷塗。若
蛋液滴落在烤盤上,焦味會沾附在全
體麵包上。

63

○ 正確例　× 錯誤例

完成的橢圓棒狀。若沒有緊實捲折地僅只折疊，側面的形狀會呈坍塌狀。

64

整型後覆蓋塑膠膜靜置。
●稍稍靜置後，麵團會鬆弛而方便進行接下來的作業。

65

① ②

整型成棒狀。①手掌放置在麵團中央，用力向下按壓。②以用樣力道前後滾動3次，使中央部分變細。之後兩端也滾動成相同的粗細。

68

① ②

①細端朝自己。輕執靠近身體1/4處的麵團。②邊輕輕拉長麵團邊用擀麵棍擀壓其餘3/4，壓成20cm。
●擀麵棍由自己的方向朝外推擀，「單向擀壓」。

69

① ②

①為防止麵團緊縮地先將麵團由工作檯上取下，再重新放置。②由外側朝靠近身體的方向小小折疊2~3次，製作出中央部分。

70

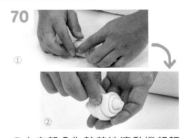

① ②

①中央部分為軸芯地滾動捲起麵團。②完成麵團卷後，捏合接口處並使其朝下地排放在烤盤上。
●沒有確實捏合接口處，烘烤過程中形狀會因而崩壞。

75

餐包放入以220℃預熱的烤箱中，重新設定成實際溫度190℃，烘烤11分鐘（奶油卷：預熱230℃→200℃、13分鐘）。
●預熱溫度，基本上是烘烤溫度＋30℃。

76

烘烤完成的奶油卷。撒上粉類的較為柔軟。刷塗上蛋液的較有口感。

Column

側面呈現出白色線條就是成功！

麵包是由下方的熱源，有效的「下火」烘烤而成。高溫烘烤小型麵包，當上火大於下火，只有表面完成烘烤而且麵包會變硬，很容易會變成中央沒有烤熟的半熟狀態。下火夠大，就能夠均勻地受熱，而麵包中央部分會出現白色線條（white line）。家用電烤箱，大部分能充分接收到下火溫度的，都在烤箱上段的位置。

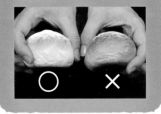

○ ×

帕克屋麵包卷
Parker House Roll

誕生於19世紀波士頓的帕克屋麵包卷。
刷塗了奶油後對折烘烤
很容易就能剝開側面接合處。
夾入漢堡肉或炸肉餅等，
最適合製成分量十足的三明治！

材料（約10個）

▼ 膨鬆軟Q麵團

基本麵團用量（→P.18・材料表）	
融化奶油	適量
高筋麵粉（裝飾）	適量

擀壓麵團

1 請參照P.19~23的作業1~36製作麵包麵團。分割成60g後滾圓，進行中間發酵（麵團溫度30℃・25分鐘）。

2 輕輕按壓排氣，用擀麵棍按壓麵團中央，擀壓成1cm厚的橢圓形。→A

3 麵團兩端各1cm處，保留其厚度不進行擀壓。→B

● 烘烤完成時的麵包，若以嘴巴來比喻的話，看起來就像是厚厚的嘴唇般。

在麵團上刷塗奶油後烘烤

4 縱向放置麵團，外側的半邊刷塗上融化奶油。→C

5 麵團由靠近身體的方向朝中央對折。上方覆蓋時較底部略突出一點，就是要領。→D

6 覆蓋上塑膠膜，進行最後發酵（麵團溫度32℃・25分鐘）。

7 以茶葉濾網篩撒上高筋麵粉。→E

8 用實際溫度230℃預熱烤箱，重新設定實際溫度200℃，烘烤14分鐘。

9 趁熱用手剝開麵包。→F

在Zopf店內，會夾上自製的炸肉餅！也很推薦夾入漢堡肉試試喔。

A

滾圓好的麵團進行排氣，擀壓成橢圓形

B

麵團兩端不加擀壓地維持其厚度

C

將一半的麵團刷塗上奶油

D

上方略突出一點地使其對折

E

完成最後發酵，用茶葉濾網篩撒上高筋麵粉

F

烘烤完成立即剝開

橢圓餐包

Koppe Pan

匆促的早晨或閒暇時的最佳選擇，
夾入豐富食材的橢圓餐包。製作整型也很容易。
為了能烘烤出膨鬆柔軟的口感，在搓揉成棒狀時
請務必注意不要過度用力！

材料（約10個）

▼ 膨鬆軟Q麵團
　基本麵團用量（→P.18・材料表）

＊以左圖的材料為例：辣味臘腸&高麗菜
絲、胡蘿蔔絲沙拉&萵苣、香草維也納香
腸&德國酸菜。

橢圓餐包的材料可以
依個人喜好及感覺，
試著做出各種不同有
趣的組合！

預備麵團製作成橢圓棒狀

1 請參照P.19~23的作業1~36
製作麵包麵團。分割成60g後
滾圓，進行中間發酵（麵團溫
度30℃・25分鐘）。

2 用手按壓排氣，平整光滑面朝
下地縱向放置麵團，整型成橢
圓棒狀。（→P.86）捲起後確
實閉合接口處。→A

3 覆蓋上塑膠膜，靜置麵團約3
分鐘。

將橢圓棒狀整型成橢圓餐包狀

4 當麵團鬆弛後，輕輕地排氣，
接口處朝上地橫向放置麵團，
由身體方向朝中央對折。→B

5 由麵團邊緣開始確實閉合接口
處。→C

6 轉動，邊整型邊將麵團轉動成
約15cm的長度。→D
　●轉動，手指不提舉起來地以觸及
工作檯的方式進行。如此才能確保
不過度用力。

7 收口朝下地排放在烤盤上，進
行最後發酵（麵團溫度32℃・
25分鐘）。→E

8 以實際溫度230℃預熱烤箱，
重新設定實際溫度200℃，烘
烤14分鐘。待底部也呈現烤
色，即完成烘烤。→F

邊緊實邊捲動3~4次，整型成橢圓
棒狀

輕輕排出氣體後，從身體方向朝中
央對折

確實閉合接口處

不加施力地滾動並整合形狀

收口朝下地排放在烤盤上

底部也烘烤至金黃色時即完成

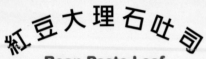

紅豆大理石吐司
Bean Paste Loaf

利用紅豆餡形成大理石般的紋路。
美麗紋路的秘密，
就在於折疊入紅豆餡及三股編織當中。
好像很困難？不不不，只要依序進行誰都做得出來。
栗子餡或櫻花紅豆餡等，
請試試加入自己喜歡的餡料。

切成片狀塗抹上奶油，
是我最推薦的吃法喔！

材料 （19.3×10.3× 高8.5cm 的附蓋吐司模 2條）＊1

▼ 膨鬆軟Q麵團	
高筋麵粉	350g
鹽	7g
砂糖	42g
蛋黃	17.5g
脫脂奶粉	10.5g
即溶乾燥酵母	5.3g
水	196g
無鹽奶油	63g

▼ 餡料及甘納豆＊2	
綠色大理石紋：抹茶餡	280g/1條
紅豆甘納豆	140g/1條
黑色大理石紋： 紅豆餡	280g/1條

＊1 容量1500cc。
＊2 餡料用量是麵團的80%，甘納豆是麵團的40%。

預備麵團

1 請參照P.19~23的作業1~36製作麵團，1次發酵後切成較短的長條狀。（麵團溫度28℃·30分鐘）。
2 分割成2等分（約350g）。
3 用手掌按壓排氣，由靠近身體的方向及外側，各朝中央折疊1/3，麵團轉動90°，再次以相同方式折疊1/3。排放在烤盤上覆蓋塑膠膜，靜置於冰箱中2小時。（使麵團溫度為13℃）→A

將餡料疊入麵團中

4 將餡料及甘納豆分成4等分備用。一半用於5·6，其餘留待10使用。
5 用擀麵棍將麵團擀壓成寬15×長40cm的大小，麵團中央1/3處塗抹上1/4的餡料。抹茶餡上要再撒放1/4的甘納豆。→B
 ●麵團邊緣不要塗抹地留下空白。使麵團溫度保持在23℃。
6 由自己的方向朝中央折疊1/3，再次塗抹1/4餡料（抹茶餡上再撒放1/4的甘納豆）。→C
7 由外側向中央折疊，用手掌按壓貼合。避免內餡外露地確實按壓貼合邊緣。→D
8 覆蓋上塑膠膜，靜置15分鐘。
9 用擀麵棍將麵團擀壓成寬15×長40cm的大小。首先擀麵棍放在中央處擀壓成1cm左右的厚度，接著上下滾動使其成為相同之厚度。
10 重覆5~7將餡料及甘納豆折疊包覆於其中。
11 左右、內外，任何方向都用擀麵棍擀壓，使麵團成為長20~25cm的大小。→E
12 在麵團上輕輕撒上揉和手粉，對折。首先分切成4等分，再各將每份分切成3等分。→F

13 分切完成後，攤平折疊的部分。→G
 ●若麵團太短，請縱向劃切再攤開就能補足長度了。

編成三股麻花

14 縱向排放3條麵團。由正中央開始朝自己的方向編成三股麻花4次。以稍加拉動的感覺編入即可。→H
15 倒轉翻面地置換方向，以同樣方式再次編成三股麻花4次。→I
16 將麵團橫向放置，由左右各向中央折入1/3。完成折疊後確實貼合固定。→J
17 接口處朝下地放入模型中。→K
18 重覆14~17的作業，將4個麵團排放在模型內。以手握拳由上方按壓，使麵團能確實均勻貼合至模型底部。→L
19 覆蓋塑膠膜，使其進行最後發酵。（麵團溫度30℃·40分鐘）
20 覆蓋模型的上蓋，放入以實際溫度220℃預熱的烤箱內，重新設定實際溫度190℃，烘烤35分鐘。
21 烘烤完成後，將模型底部輕敲工作檯。取出麵包放置於網架上冷卻。

A 將麵團3折疊成長方形

B 在中央1/3處塗抹上內餡。留下邊緣不塗

C 折疊1/3後塗抹上內餡，再次折疊

D 避免內餡外露地閉合邊緣

E 內餡折疊至麵團內，接著以擀麵棍擀壓

F 對折麵團後，以刀子分切成12等分

G 攤開麵團，使其為長條狀

H 並排3條麵團後，由中央開始編成三股麻花

I 改變方向，另一側也編入三股麻花

J 將編好的三股麻花再折疊成三折疊

K 接口處朝下地排放至模型中

L 放入4個麵團後，由上方按壓麵團

佛卡夏餐食麵包
Focaccia Square

變化成像義大利佛卡夏般的麵包。
簡單又有趣的製作方法，
建議可以和小朋友一起動手。
這樣的製作方法，
也不用擔心蔬菜食材產生的水分。

材料（15×21×高4cm的模型2個）

▼ 膨鬆軟Q麵團	
高筋麵粉	200g
鹽	4g
砂糖	24g
蛋黃	10g
脫脂奶粉	6g
即溶乾燥酵母	3g
水	112g
無鹽奶油	36g

▼ 內餡	
A：菠菜、培根、披薩用起司	各30g
B：黑、綠橄欖	各25g
油漬番茄	30g
橄欖油	適量
鹽水	水20cc＋鹽0.5g

預備麵團和內餡

1 請參照P.19~23的作業1~31製作麵團。（麵團溫度28℃）。

2 內餡A的菠菜切段，培根切成短條狀。B的橄欖去核切半，油漬番茄切成粗粒。→A

疊放麵團與內餡

3 麵團分切成8等分，A與B的內餡各分成3等分。

4 A：攤開一個麵團，舖放上1/3用量的菠菜培根以及起司。重覆這個動作，麵團與內餡共疊成7層。→B
●最後疊放的麵團稍稍攤成較薄較大，能夠包覆側面。

5 A：用切麵刀分切成2等分，疊放合而為一。由上方按壓貼合。→C

6 B：與4‧5相同的作業，麵團與B內餡重疊放置。

7 將5和6各別放入盆中，覆蓋塑膠膜，進行1次發酵。（麵團溫度30℃‧50分鐘）→D

放入模型內

8 模型可以自行製作。用厚紙做出外框（15×21×高4cm），覆蓋上鋁箔紙。→E

9 由缽盆中取出麵團，排氣。用刮板將麵團四邊朝底部收齊，整合成較模型略小的四角型。

10 將9排放在烤盤上，將8的模型放在麵團周圍。→F

11 用手按壓麵團，使其能均勻地填滿模型底部。覆蓋上塑膠膜，進行最後發酵。（麵團溫度32℃‧30分鐘）

完成

12 在麵團表面刷塗橄欖油，用2根手指在表面戳刺出孔洞。→G

13 在表面撒上鹽水。→H

14 放入以實際溫度220℃預熱的烤箱內，重新設定實際溫度190℃，烘烤19分鐘。烘烤至底部有烘烤色澤時即已完成。最後再次將橄欖油刷塗至麵包表面。→I

預備兩種不同的搭配材料

將麵團和內餡交疊成7層

對半切開後疊放，由上方向下按壓

放入缽盆中，覆蓋上塑膠膜

以厚紙和鋁箔紙製作模型

將麵團放入模型中進行最後發酵

刷塗上橄欖油，用手指按壓出孔洞

灑上鹽水放入烤箱

烘烤至底部呈現烤色時，即完成

宇治金時

Green tea & Bean Roll

同時能享受到抹茶的香氣和甘納豆的風味，
是日式糕點風的麵包。
只要利用圓柱模型烘烤，
切片後也能呈現豐富的樣貌。
大顆的甘納豆與抹茶綠的麵包相映成趣。

材料	（直徑11×長20cm的 圓柱模型約2條）
▼ 抹茶麵團	
高筋麵粉	350g
抹茶（粉）	*1 7g
鹽	7g
砂糖	42g
蛋黃	17.5g
脫脂奶粉	10.5g
即溶乾燥酵母	5.3g
水	*1 200g
無鹽奶油	63g
金時甘納豆	*2 250g/1條

＊1 抹茶是高筋麵粉的2%，水分比基本
用量多1%為57%。
＊2金時甘納豆約是麵團用量的70%。

預備抹茶麵團

1 請參照P.19~23的作業1~36
製作麵團。抹茶在作業5的時
候混入高筋麵粉中。

2 分割成2等分（約350g），滾
圓進行中間發酵。（麵團溫度
30℃·25分鐘）。→A

包入金時甘納豆

3 用手輕輕按壓排氣。

4 用擀麵棍將麵團擀壓成約模型
8成的長度（約16cm）。→B
●擀麵棍不要採小幅度轉動，要
一口氣擀開。

5 麵團縱向放置，將金時甘納豆
撒放在全體麵團上，用手掌輕
輕按壓。→C

6 由身體朝外側方向捲起，抓握
住麵團拉緊般地緊緊的捲起渦
紋。重覆動作捲至最後。→D

7 捲起後輕輕拉緊麵團並確實閉
合接口處。→E

放入模型完成烘烤

8 接口處朝下放置於模型中，關
上模型。覆蓋上塑膠膜，進行
最後發酵。（麵團溫度33℃·
35分鐘）→F

9 完成最後發酵，麵團約膨脹成
模型的7分滿。→G
●在此是為能看見中間狀態而打
開模型，但請儘量不要打開。

10 放入以實際溫度220℃預熱的
烤箱內，重新設定實際溫度
190℃，烘烤40分鐘。脫模，
放置於網架上冷卻。

A

在高筋麵粉中混入抹茶粉揉和

B

用擀麵棍擀壓。將麵團擀壓成模型
長度的8成

C

散放上大顆的甘納豆，輕輕按壓

D

邊握緊邊捲起麵團

E

捲至最後確實地閉合接口處

F

放入金屬的圓柱模內

G

發酵後，麵團約膨脹成模型的7成

這款麵包使用的是金屬製的
圓柱模。因為是網狀構造，
所以容易受熱，家用烤箱
也能夠使用。

雜糧吐司

Grain-rich Bread

咀嚼時雜糧多樣化的口感及甜味
都能一一品嚐得到。
容易破損的食材混入麵團時利用"疊放"技巧，
更為得心應手。
也能運用在各式麵包製作上。

請搭配加入大量食材的
湯品一起享用，就是健
康餐食的基礎囉！

材料（18.2×8×高9cm的方型模*¹ 2條）

▼ 膨鬆軟Q麵團

高筋麵粉	350g
鹽	7g
砂糖	42g
蛋黃	17.5g
脫脂奶粉	10.5g
即溶乾燥酵母	5.3g
水	196g
無鹽奶油	63g
煮好的十六穀米*²	140g

*1 容量1200cc。

*2 十六穀米混合了高粱、藜麥、紅豆、黑芝麻、白芝麻、薏仁、紅米、粳粟、發芽玄米、黑豆、黑米、彩葉莧子、糯黍、大麥、玉米、稗粟等。也可以用個人喜好的雜糧來代替。

混拌麵團與十六穀米

1 請參照P.19~23的作業1~31揉和麵團，分切成4等分。煮好的十六穀米分成3等分。
→ A
●麵團溫度28℃。煮好的十六穀米也保持在28℃。

2 用手掌壓平一塊麵團，放上煮好的十六穀米1/3的量。→ B

3 重覆2的作業，將麵團與十六穀米交互疊放共7層。→ C

4 用切麵刀切半，再重疊放置。用手從上方按壓使整體密合。→ D

5 刮板從70°的角度推擠麵團，從四面朝向中央推擠使其成為圓形。→ E

6 將5放入塑膠容器內，以手握拳上按壓平整麵團。在麵團的高度位置及2倍高度的位置套上橡皮圈。開始進行1次發酵。（麵團溫度28℃‧50分鐘）→ F

整型成橢圓棒狀

7 麵團分割成4等分（約200g），排氣。平整光滑面朝下地，由靠近身體的方向及外側分別朝中央折疊1/3，麵團轉動90°，再次以相同方式折疊1/3。→ G
●麵團不需「滾圓」，只要「折疊」即可。

8 排放在烤盤上覆蓋塑膠膜，進行中間發酵。（麵團溫度30℃‧30分鐘）→ H

9 蘸上手粉，按壓麵團排氣。重新將平整光滑面朝下地放置在工作檯上，由外側向中央折疊，輕輕按壓緊實捲起的部分。同樣重覆2次作業，閉合接口處整型成橢圓棒狀（→P.86）。覆蓋上塑膠膜，靜置3分鐘。→ I

10 再次排氣，接合處朝上縱向放置，與9同樣地進行3折疊成橢圓棒狀。→ J

放入模型

11 將麵團放入模型內。麵團捲起螺旋面朝向模型的長面，兩個麵團各據一端地放置。進行最後發酵。（麵團溫度33℃‧35分鐘）→ K
●使用保麗龍箱，連同模型和塑膠袋一起放入，熱水加至與麵團高度相同。

12 完成最後發酵，麵團會膨脹至模型邊緣。→ L

13 放入以實際溫度230℃預熱的烤箱內，重新設定實際溫度200℃，烘烤35分鐘。模型底部輕敲工作檯。取出麵包放置於網架上冷卻。

揉和好的麵團分切成等4等分

平整麵團擺放上十六穀米

麵團和十六穀米交錯地堆疊成7層

對半切開後疊放成14層

用刮板推壓四面整合麵團

放入容器內進行1次發酵。（50分鐘）

發酵後，重覆進行2次3折疊

量測麵團溫度進行中間發酵

邊緊實麵團中央部分邊進行3次折疊，使其成為橢圓棒狀

排氣，再次整型成橢圓棒狀

將麵團放置於模型兩端，中央留下少許間距

麵團會膨脹至模型邊緣

咖哩麵包

Curry Pan

總是有許多客人排隊等著"剛起鍋"的成品
是Zopf的人氣麵包。
為了能炸出酥脆的表皮，
使用粗粒麵包粉。
儘可能輕巧地進行麵團的排氣作業，
不過度按壓排氣就是製作重點。

材料（約11個）

▼ 膨鬆軟Q麵團
　　基本麵團用量（→P.18·材料表）

▼ 其他的材料

咖哩內餡（→P.88）	605g
豬排	50g/1個
麵包粉（粗粒）	適量
溶於水的麵粉	適量

將咖哩內餡分成55g的分量

輕輕排出氣體後，擺放上咖哩內餡

預備麵團和內餡

1　請參照P.19~23的作業1~36製作麵團。分割成55g後滾圓，進行中間發酵（麵團溫度30℃·25分鐘）。

2　咖哩內餡前一日先完成製作，放入冰箱冷藏備用。切分成55g（1個）大小以方便作業。→ A

用麵團包覆內餡

3　手上蘸取手粉，以手掌輕輕按壓排氣。放入55g的咖哩內餡。→ B
　　●若是過度排氣，會使得咖哩的包覆作業變困難，務請多加注意。

4　彎曲手掌，低握小刮刀以水平狀地按壓填入內餡。邊轉動麵團邊重覆動作（→P.87）。→ C
　　●製作咖哩豬排麵包，內餡上再擺放一口大小的豬排（50g），以同樣方式包覆。

5　將麵團邊緣朝中央聚攏，閉合起來。→ D

6　收口處朝下地排放在烤盤上，用手輕輕按壓。→ E

7　覆蓋上塑膠膜，進行最後發酵（麵團溫度32℃·25分鐘）。

沾裹麵包粉油炸

8　麵團浸泡在麵粉水中，再撒上麵包粉。→ F
　　●浸泡沾裹麵粉水，可以防止油炸時的破裂，以及油脂滲入麵團中。

9　用170℃的炸油，接口處朝上地放入油鍋中，至膨脹後以筷子刺出幾個孔洞。→ G

10　30秒後翻面，同樣地刺出孔洞。30秒後再次翻面。重覆翻面動作約油炸5分鐘。
　　●一次同時大量油炸，會使油溫降低，而無法炸出酥脆口感。
　　●為區隔咖哩豬排麵包，可以在表面撒上切碎的西洋芹等標示。

小刮刀以水平方式按壓咖哩餡

將麵團邊緣聚攏閉合起來

排放在烤盤上，用手輕輕按壓

依序沾裹上麵粉水和麵包粉

邊用筷子刺出孔洞邊翻面，約油炸5分鐘

不經油炸而改以烤箱烘烤，就是"烤咖哩麵包"。在烘烤過程中，也請刺出孔洞。

莫札瑞拉起司和雙色小番茄

藍紋起司和馬鈴薯

牡蠣、長蔥和卡門貝爾起司

預 烤 披 薩

Pre-baked Pizza

「Pre-baked」就是預烤的意思,為是什麼是預烤呢?
想要吃披薩,馬上就能美味的端上桌,
揉和使其發酵......這樣的漫長製作令人迫不及待。
只要利用這個食譜預先製作備用,10分鐘就能享用美食了。

材料（約8片）

▼ 膨鬆軟Q麵團
　　基本麵團用量（→P.18・材料表）

▼ 搭配食材例
　　藍紋起司和馬鈴薯
　　牡蠣、長蔥、卡門貝爾起司
　　莫札瑞拉起司和雙色小番茄

製作擀壓麵團

1 請參照P.19~P.23的作業1~36製作麵團。分割成70g後滾圓，覆蓋上塑膠膜，進行中間發酵（麵團溫度30℃・25分鐘）。

2 在工作檯上撒上手粉，輕輕按壓排氣。→A
　●撒上手粉後，麵團較容易滑動可方便後續作業的進行。

3 邊徐徐轉動麵團，邊用擀麵棍擀壓成直徑12cm的圓形。→B

預烤後冷凍

4 排放在烤盤上，用叉子在全體麵團上刺出孔洞。覆蓋上塑膠膜，進行最後發酵（麵團溫度32℃・25分鐘）。→C

5 放入實際溫度190℃預熱的烤箱，重新設定實際溫度160℃，烘烤17分鐘，至底部呈淡淡烤色為止。→D

6 放在網架上冷卻後，以塑膠袋等包妥後冷凍保存。

擺放上搭配食材

7 在冷凍的麵團上，擺放個人喜好的食材（搭配食材例→如右）。→E

8 放入實際溫度250℃預熱的烤箱，重新設定實際溫度220℃，烘烤5~8分鐘，烘烤至呈金黃色為止。→F

搭配食材例

▼藍紋起司和馬鈴薯

1 燙煮過的馬鈴薯切成5mm厚的薄片。

2 在披薩餅皮上刷塗上美乃滋，排放上1。

3 再撕碎Fourme d'Ambert（風味溫和的藍紋起司）散放在餅皮上，撒上胡椒烘烤。

▼牡蠣、長蔥、卡門貝爾起司

1 長蔥切成細絲，用豬油略加香煎。

2 牡蠣放入平底鍋中加熱，儘量不要移動使水分揮發。用少量味醂溶化味噌加入其中，煮至熟透。

3 在2的平底鍋一角，放入切成2cm厚的卡門貝爾起司溫熱。

4 將1的香煎長蔥散放在披薩餅皮上，再擺放上2的牡蠣和卡門貝爾起司後，烘烤。

▼莫札瑞拉起司和雙色小番茄

1 在披薩餅皮上刷塗市售的披薩醬汁。

2 放上切成片狀的莫札瑞拉起司，以及切成5mm厚的紅、黃小番茄，撒上切碎的羅勒葉，烘烤。

用手按壓麵團排氣

邊轉動麵團邊用擀麵棍擀壓成圓形

用叉子在全體餅皮上刺出孔洞

烘烤至呈淡淡烤色時為止，放涼冷凍備用

在冷凍的餅皮上，依個人喜好擺放上搭配食材

放入烤箱烘烤5~8分鐘，即可完成

酸酪甜麵包

Sweet and Sour Bread

疊入了優格般酸酪的麵包
烘烤完成時的香味風格獨具。
輕盈、潤澤的口感像是丹麥吐司麵包般，
請牢記將柔軟酸酪折疊至麵團的要領喔。

材料 （17.5×6.5×高4.5cm的
磅蛋糕紙模 3條）

▼ 膨鬆軟Q麵團	
高筋麵粉	250g
鹽	5g
砂糖	30g
蛋黃	12.5g
脫脂奶粉	7.5g
即溶乾燥酵母	3.7g
水	140g
無鹽奶油	45g
▼ 甜味酸酪（4條分量）	
無鹽奶油（放置回復室溫）	100g
酸奶油	20g
轉化糖漿或麥芽糖	10g
蛋黃	5g
糖粉（過篩）	25g

麵團靜置於冰箱

1 請參照P.19~23的作業1~36
製作麵團，1次發酵後分切。分
割成160g後排氣。由靠近身體
的方向及外側分別朝中央折疊
1/3，麵團轉動90°，再次以相
同方式折疊1/3。成較短的長方
形。→A

2 排放在烤盤或方型淺盤上，輕輕
按壓表面。覆蓋塑膠膜，靜置於
冰箱中2小時。→B
●使麵團溫度徐緩地降至13℃。
急速冷卻會使酵母停止作用。

製作甜味酸酪

3 依材料表的順序，將材料放入缽
盆中。每次加入一種材料，都
用攪拌器充分混拌。放入冰箱冷
卻。→C

將甜味酸酪塗抹在麵團上

4 蘸取手粉，在工作檯上撒放手
粉，放上2的麵團。用擀麵棍將
麵團擀壓成寬15cm×長25cm
的大小。整型時麵團必須保持在
23℃。→D
●首先用擀麵棍擀壓麵團中央，
決定出厚度，接著再朝外側及靠
近身體的方向擀壓。反面也同樣
擀壓。

5 在麵團的2/3塗抹40g的甜味酸
酪。邊緣需留下1cm不塗。排
放在方型淺盤並覆蓋上塑膠膜，
放置於冰箱內使其凝固冷卻。
→E

6 將麵團取出至工作檯上，進行3
折疊。將未塗酸酪的麵團向中央
折疊。→F

7 避免酸酪露出地確實閉合邊緣接
口處。→G

用擀麵棍擀壓麵團

8 在工作檯上撒放手粉，將7麵團
閉合接口處呈縱向地放置。擀麵
棍由中央按壓成1cm厚，再按
壓外側及靠近身體的方向，使麵
團呈現相同之厚度。→H
●為避免內餡外露地，擀麵棍擀
壓至麵團邊緣前就必須停止。最
後再由邊緣擀壓至中央部分，將
擀壓至邊緣的內餡擀回中央。

9 將麵團轉動90°，並將麵團擀
壓成寬度達模型長度的8成（約
14cm）左右。→I

麵團放入模型中即可

10 麵團縱向放置。由外側開始捲
起，輕輕按壓地製作出中央部
分。確實捲起並將邊緣確實閉
合。→J

11 像要切成圓片般地劃下7道切
紋。→K
●不要完全切斷地使最底部仍保
持相連。也可以採用割劃時略略
提起刀柄的方式。

12 將麵團推倒般地放入模型內。進
行最後發酵（麵團溫度26℃·75
分鐘）。放入以實際溫度210℃
預熱的烤箱內，重新設定實際溫
度180℃，烘烤30分鐘。→L

將1次發酵後的麵團，折疊成
3折疊

放置於冰箱中靜置，使麵團溫
度保持在13℃

製作甜味酸酪

用擀麵棍擀壓成長25×寬
15cm的大小

將C的甜味酸酪塗抹在2/3的
麵團上

由沒有塗抹的部分開始折起，
進行3折疊

確實閉合邊緣接口處

用擀麵棍擀壓成1cm的厚度

麵團擀壓成寬度達模型長度的
8成

由形成中央部分開始捲起

底部留下一層麵團地用刀子割
劃切紋

將麵團推倒般地放入模型內

照燒雞肉麵包

Teriyaki Chicken Pan

擺放了特製照燒雞肉的麵包，
也非常適合作為小朋友們的點心。
最後澆淋上燒肉醬汁更是畫龍點睛。
雞肉下方，
墊放著高麗菜絲。

材料（直徑9×高3cm的紙杯約12個）

▼ 膨鬆軟Q麵團
　　基本麵團用量（→P.18・材料表）
▼ 搭配食材
　　照燒雞肉（→P.88）　　　　600g
　　高麗菜（切絲）　　　　　　180g
　　美乃滋　　　　　　　　　　240g
　　起司　　　　　　　　　　　60g
　　燒肉醬汁（市售）　　　　　適量
　　蛋液（光澤用）　　　　　　適量

將麵團由橢圓棒狀整型成長條形

1 請參照P.19~23的作業1~36製作麵團。分割成50g後滾圓，進行中間發酵（麵團溫度30℃・25分鐘）。

2 麵團平整光滑面朝下地放置，整型成橢圓棒狀（→P.86）。覆蓋上塑膠膜，靜置約3分鐘。

3 將2的麵團橫向放置，擀壓成約長20cm的棒狀（→P.86）。
●若是不易延展推壓，可以在作業過程中再靜置2~3分鐘左右。

4 再繼續推擀成30cm的長條狀（→P.86）。→ A

整型成花的形狀

5 麵團一端製作出圈狀。長邊在上。→ B

6 長邊由下繞進圈起的圓圈內。這是第1次的單結。→ C

7 再一次由下方繞進圓圈內打出單結。這是第2次。→ D
●使打出的單結距離呈等距狀態，決定麵團遠圈的位置。

8 麵團兩端相互黏合，就能形成花的形狀。→ E

9 翻面地放入紙杯模中。覆蓋上塑膠膜，進行最後發酵。（麵團溫度32℃・25分鐘）

擺放上配料烘烤

10 用毛刷在麵團上刷塗蛋液。→ F

11 依序擺放上高麗菜絲、美乃滋、切成2cm的照燒雞肉、起司。→ G

12 放入以實際溫度230℃預熱的烤箱，重新設定實際溫度200℃，烘烤15分鐘。

13 烘烤完成後，再澆淋上燒肉醬汁。→ H

高麗菜絲、美乃滋、照燒雞肉是黃金組合喔。

A
麵團推滾成約30cm的長條狀

B
一端形成圓圈。長端在上

C
長端由下方繞進圓圈內打出單結

D
在C的旁邊再繞出一個單結

E
黏合麵團兩端就成了花形

F
完成最後發酵，再以毛刷刷塗蛋液

G
擺放上配料

H
烘烤完成後，澆淋上燒肉醬汁

杯子麵包

Deli-Cup Pan

在整型成杯狀的麵團中填入大量內餡，
如此就能成為餐食麵包了。
Zopf 麵包的魅力之一
就是花了很多時間製作的自家內餡。
在此公開美味的內餡食譜。

莫札瑞拉起司茄子肉醬

白花豆燉煮臘腸

魚貝類的奶油燉菜

鷹嘴豆咖哩

材料（直徑9×高3cm的紙杯約12個）

▼ 膨鬆軟Q麵團
　基本麵團用量（→P.18・材料表）
▼ 內餡
　魚貝類的奶油燉菜（→P.88）
　白花豆燉煮臘腸（→P.88）
　莫札瑞拉起司茄子肉醬（→P.89）
　鷹嘴豆咖哩（→P.89）

預備麵團

1 請參照P.19~23的作業1~36製作麵團。分割成55g後滾圓，覆蓋上塑膠膜，進行中間發酵（麵團溫度30℃・25分鐘）。

2 取出麵團放置在撒有揉和手粉的工作檯上，輕輕按壓排氣。→A
　●撒上手粉後，麵團較容易滑動可方便後續作業的進行。

將麵團擀壓成圓形舖放在模型上

3 用擀麵棍邊擀壓邊轉動麵團，儘量將麵團擀壓成正圓形。→B

4 擀壓成比模型稍大的程度。→C

5 將麵團放入紙杯，使其與紙杯間不留空隙地用指尖按壓麵團。→D

6 至模型上緣都是舖滿麵團的狀態。→E

7 排放在烤盤上，覆蓋上塑膠膜，進行最後發酵。（麵團溫度32℃・25分鐘）

填入內餡烘烤

8 完成最後發酵後，麵團會膨脹起來。→F

9 填放入喜好的內餡，放入以實際溫度220℃預熱的烤箱，重新設定實際溫度190℃，烘烤18分鐘。→G

雞蛋沙拉、漢堡肉等，可以試著填入自己喜歡的內餡！

A
將滾圓後的麵團按壓排氣

B
邊轉動麵團邊用擀麵棍擀壓成圓形

C
擀壓成較紙杯略大的圓片狀

D
將麵團舖放至紙杯中，用手指按壓

E
底部、側面都不留空隙地舖滿麵團

F
發酵完成後麵團會膨脹起來

G
可依個人喜好自由地填入內餡

用餐包製作三明治

餐包不僅可以在餐間搭配享用,做成三明治也非常美味。
夾入餐包內的食材,就看您的創意。火腿、蔬菜、拌入美乃滋的沙拉、
打發鮮奶油或水果等都可以自由變化,來個三明治饗宴也是件樂事呢。

火腿三明治

餐包橫向切開,
夾入萵苣、烤火腿片、起司片、苜蓿芽就完成了。
苜蓿芽爽脆的口感佐以Q彈的麵包,
十分搭配的美味。

奶油香蕉三明治

將餐包直向劃出切紋,
擠上打發鮮奶油。
排放上斜切成薄片的香蕉,
淋上巧克力醬汁,就成了甜點三明治。

絶佳口感的柔軟度

以膨鬆酥脆麵團製作

入口即化就是
最大的魅力

15 種麵包

膨鬆酥脆麵團基礎篇

糖霜麵包球 與

Sugar Ball
&
Zopf

辮子麵包

材料	(糖霜麵包球約18個或 辮子麵約4條)	烘焙比例
高筋麵粉	300g	100%
鹽	6g	2%
砂糖	66g	22%
蛋黃	90g	30%
即容乾燥酵母 （SAF金標）	6.9g	2.3%
水	108g	36%
無鹽奶油	66g	22%
▼糖霜麵包球的完成		
融化奶油*1（無鹽）		適量
肉桂砂糖*2		適量
▼ 辮子麵包		
蛋液（光澤用）		適量
杏仁片		適量
糖粉		適量

* 1 使用融化奶油清澄的部分（上層清澈
無雜質），風味會更好。
* 2 細砂糖與22%肉桂粉混拌而成。

膨鬆酥脆的麵團特徵，就是入口即化以及良好口感的柔軟度。
與18頁膨鬆Q彈麵團的最大不同之處，
是奶油在最初時混入，「不過度揉和」地完成。
在最適度的時間點停止揉和，正是這個麵團最大的重點。
或許大家都很容易誤以為麵包是「越揉和越好」，但透過這個「不過度揉和」的麵團製作，
請大家一起更進一步的體會麵包製作的樂趣。

 ## 完成烘烤前的時間表

製作美味麵包的2個基本條件——那就是溫度和時間。
管理麵團溫度，依照規定時間進行，就能做出與專業麵包師父並駕齊驅的口感！
一旦各項作業時間過長，麵團狀態也會隨之產生變化，
所以請參考各階段時間表。

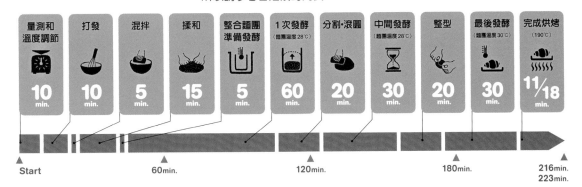

量測和溫度調節	打發	混拌	揉和	整合麵團準備發酵	1次發酵 (麵團溫度28℃)	分割・滾圓	中間發酵 (麵團溫度28℃)	整型	最後發酵 (麵團溫度30℃)	完成烘烤 (190℃)
10 min.	10 min.	5 min.	15 min.	5 min.	60 min.	20 min.	30 min.	20 min.	30 min.	11/18 min.

▲Start　　▲60min.　　▲120min.　　▲180min.　　▲216min. / 223min.

 ## 量測和溫度調節

正確地進行量測。
量測鹽和酵母的微量秤是必需品！

正確地量測材料。使用極少量的鹽和酵母，必須用以0.1g為單位的微量秤來量測。為保持麵團溫度為28℃，請量測室溫和粉類溫度並以此計算出水的溫度。

1

用量秤各別量測出高筋麵粉、砂糖、蛋黃、水和無鹽奶油。

2

用微量秤各別量測出鹽和酵母。
●酵母等0.1g的差都會影響到完成時的成品，請務必用微量秤量測。

3

用水濡濕布巾放入塑膠袋內，利用微波爐的溫度設定機能溫熱至40℃，放置在工作檯上。
●熱布巾除了盛夏的季節之外，大致都需要。

4

以保持麵團溫度28℃為目標，量測室溫及粉類溫度，依以下算式計算出參考的水溫並加以調節溫度。
●（室溫＋粉溫＋水溫）÷ 3 ＝ 28℃為參考標準。

打發

**確實打發
使其飽含空氣。**

這款麵團在初期階段加入奶油混拌，不需摔打敲叩地進行揉和。這就是產生爽脆良好口感的秘訣。取代摔打敲叩的是打發，使其飽含酵母作用時需要的空氣。

5

將放置呈常溫的奶油放入缽盆中，用網狀攪拌器充分混拌至呈滑順柔軟狀態。
●其他材料容易與其混拌的狀態。

6

等攪打至柔軟後加入砂糖、鹽混拌。
●會變成鬆散狀態。

 ## 混拌

請注意混拌的順序！

「混拌」以3個步驟進行。
①為使其飽含空氣而混拌粉類。
②酵母混拌至水中。
③混拌所有的材料。
最重要的是不能省略步驟，不要弄錯順序。
因為是水和油，沒有辦法混拌得十分完全也沒有關係。

10

用攪拌器充分混拌高筋麵粉。粉類溫度過低時請在底部墊放熱布巾。
●混拌是要使其飽含空氣（氧氣）。酵母菌增生時氧氣不可或缺。

11

在調節過水溫的水分用量（溫水）中添加酵母，充分混拌使其溶解。

 ## 揉和

**注意不要過度揉和！
100次就停止。**

這種麵團主要在於酥脆的口感以及入口即化的柔軟度，因此不能過度強化麵筋組織。「不要過度揉和」就是最重要的部分。揉和的標準，最多是100次。當麵團出現光澤，就可以進入下一個步驟。

15

將麵團取出放置於工作檯。此時是四散黏稠的狀態。

16

利用刮板的直線邊緣，將麵團由遠處舀起翻折疊放。

20

折向自己的方向並向前推壓。直到麵團產生光澤為止，不斷地重覆折起向前推壓的動作。
●揉和次數最多100次。注意不要過度揉和。

21

過程中要隨時記得量測麵團溫度，確認保持在28℃。
●未及28℃，用熱布巾（35℃的布巾）溫熱工作檯。

7 蛋黃分3次加入，每次加入後都用攪拌器充分混拌。
●一次全部加入會難以混拌。

8 用橡皮刮杓將蛋黃集中倒入缽盆中，不要有任何殘留。
●不只是蛋黃，所有的材料都經過量測，沒有任何殘留地全部使用非常重要。

9 打發。攪拌至顏色變白，膨脹如乳霜般。
●在此要使其中飽含空氣。因為空氣的進入使得顏色變白。

12 在9加入酵母水，輕輕混拌。
●因為是水和油，即使無法充分混拌也OK。

13 在12中加入10的粉類，採用以刮板舀起麵團向上翻起折疊的方式混拌。
●重點在於不是「粉類加入水中」，而是「水中加入粉類」。迅速進行使其均勻滲入水中。

14 水分被粉類吸收至消失，即可結束混拌。
●即使仍有粉類殘留也沒關係。

17 用另一隻手按壓麵團。
●按壓時手指併攏。麵團若攤成大片，溫度會降低並且會變得乾燥。

18 藉由不斷地重疊按壓，使麵團產生彈性並整合成團。

19 當整合麵團之後，用雙手以全身力量揉和。首先將麵團折向自己身體的方向。

22 揉和完成，可以攤開麵團，以延展狀況來進行確認。若無法延展地破損，就是揉和不足。

揉和不足

23 拉成薄膜後產生破洞，能被拉開延展就是揉和完成的時間點。

揉和完成

整合麵團

用刮板整合麵團。

稠黏又柔軟的麵團,用手整合非常困難。但若是使用刮板,任何人都能不失敗地順利完成。由四面推擠,自然可以整合成圓形。

24
刮板從70˚的角度向前推壓麵團。先從身體方向朝前推起。
●此角度可以讓麵團自然捲起呈圓形。

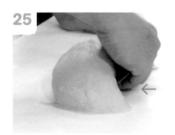

25
另一側也以同樣方式推壓,捲起。

 ## 1次發酵

保持麵團溫度28℃
使其在60分鐘膨脹成1.8倍。

「發酵」是使麵團在膨脹的同時也使其熟成的一項作業。只要遵守酵母用量與溫度,膨脹成2倍的時間也會相同。遵守麵團溫度與時間,就是製作出美味的捷徑。請千萬不要擅自縮短或延長時間。

29
在保麗龍箱內倒入28℃的熱水,將熱帶魚用附有溫度調節的加熱器設定在28℃。
●加熱器請務必沈入水中。一旦露出水面有可能起火,會有危險。

30
將28的麵團放入塑膠容器內,以手握拳平整麵團表面,在麵團高度處套上橡皮圈標記。
●量測麵團高度,在其高度1.8倍處也套上橡皮圈做為發酵高度參考。

 ## 分割

避免損及麵團,
以最少次數進行分切。

所謂的「分割」,就是將大塊麵團分切成預定的大小。

34
雙手蘸少許高筋麵粉,工作檯也用手指輕彈地撒上高筋麵粉(手粉、揉和手粉)。將麵團切成長條狀。
●切麵刀不要前後拉動,而是要由上而下咚咚地垂直切下。

35
用量秤量測,切分成糖霜麵包球是35g,辮子麵包是40g(4個是1條)。
●若正確地量測,就不會有烘烤不均的狀況。

 ## 排氣‧滾圓 中間發酵

不僅是排出氣體,
還能使氣泡變得細小。

所謂的「排氣」,並不是完全排出氣體,還要使氣體的氣泡變細,使氣體均勻分散於麵團中。

38
平整光滑面朝上放置。併攏手指地用手掌緩慢地按壓。
●用力敲叩按壓,氣體會完全排出。以麵團能整合成均勻厚度為原則。

39
排氣後的麵團,用刮板將其剝離工作檯。
●因為是柔軟的麵團,用手拉扯很容易會損傷麵團。

26

同樣地左右兩邊也一樣推壓。首先由左而右地推壓。

27

再由右向左。這一連串的動作，重覆4~5次，每次都略略改變推壓位置，就能將麵團整合成圓形了。

28

確認麵團溫度是否達到28℃。未及28℃，將麵團放入塑膠袋內壓平，放置於35℃的熱水中溫熱。

31

將裝有麵團的容器放入29的保麗龍箱內，表面覆蓋上塑膠膜。

32

蓋上蓋子，穿透箱蓋地插入溫度計。保持這個狀態60分鐘進行1次發酵。確認在發酵過程中麵團仍保持在28℃。

33

發酵前　　發酵後

麵團溫度保持在28℃，約60分鐘即可膨脹成1.8倍。若未能膨脹如預期則是麵團溫度過低。
●麵團溫度未及28℃，可以延長10分鐘。或提高熱水溫度加以調整。

36

量測，麵團平整光滑面朝下放置，重量不足，再放上小塊麵團調整重量。

37

完成分割後，覆蓋上塑膠膜以防止乾燥。
●麵團切成小塊後溫度也更容易降低，因此視情況需要，可以用熱布巾溫熱工作檯。

40

平整光滑面朝下，麵團縱向放置。
●隨時注意到麵團「平整光滑面」非常重要。平整光滑面如表皮般覆蓋在全體麵團上，如此才能做出漂亮的麵包。

41

由外側向中央折疊1/3。

42

由自己的方向往中央折疊1/3。

43 麵團旋轉90°，從靠近身體的方向及外側向中央折疊1/3。

44 折疊完成，接口處與下方麵團貼合地捏起。

將麵團整合成球狀即是「滾圓」。
「中間發酵」
是指麵團靜置的時間。

將麵團滾圓成球狀，可以容易留住麵團中的氣體，使麵團均勻地膨脹起來。此外，使表面呈現漂亮光滑狀，朝著下個作業「整型」前進，是完成漂亮麵包的必要步驟。
「中間發酵」，是為了容易接著進行「整型」作業，必須要有的時間及步驟。

48 最後將聚攏的麵團接口確實抓緊閉合。

49 接口處朝下地放置在手掌上，另一手以45°的傾斜角度朝自己身體方向滾動麵團，將麵團朝底部掖入地緊實表面。

糖霜麵包球的整型

僅滾圓來整型，
因此能形成柔軟口感。

所謂的整型，是將麵團配合完成時的形狀，將其整合成圓形或棒狀等。整型過程中當然麵團仍在不停地發酵，因此以20分鐘為目標地完成整型吧。糖霜麵包球是將麵團本身的美味完全發揮的圓形。

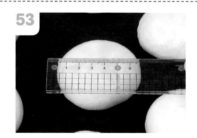

53 中間發酵後，麵團膨脹起來變大了。
● 原來的直徑是4.5cm，現在膨脹成7cm了。

54 併攏手指用手掌，由麵團邊緣開始按壓排氣。
● 避免過度按壓以免排光氣體。

辮子麵包的整型

四股編成5個山形。

「Zopf」是德文編織的意思。希望烘烤出具有十足分量的麵包，因此不是用三股而以四股編入。

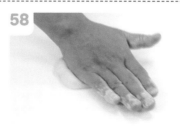

58 併攏手指以手掌由邊緣開始進行排氣作業。

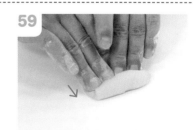

59 平整光滑面朝下，縱向放置麵團。由外側向內折疊並輕輕按壓，緊實軸芯的中央部分。

45

左手拿著麵團，左手姆指按壓在接口處。

46

右手指尖彷彿包覆住左手姆指般地，將兩側麵團向中央聚攏。

47

將麵團旋轉90°，重覆46的作業，使麵團成為球狀。

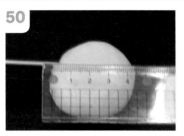

50

滾圓作業完成後，量測麵團直徑，可以方便瞭解接下來麵團的膨脹變化。
●糖霜麵包球，在中間發酵前的直徑是4.5cm。

51

以適當間距地排放在烤盤上，覆蓋上塑膠膜。
●為避免膨脹後相黏，以適當間距放置。

52

保持麵團溫度在28℃，放置30分鐘進行中間發酵。可以利用加熱絨毯或保溫墊來調節溫度。

55

平整光滑面朝下，縱向放置麵團，外側和自己的方向都朝中央折疊1/3，轉動90°，再次由兩端向中央折疊1/3，確實閉合接口處。

56

依45~48的重點，使其成為球狀。

57

依49的重點，將麵團整合成表面光滑且具彈性的球狀。
●儘可能整合成具有高度的球狀。

60

與59相同要領地折疊3次，成為橢圓棒狀。最後以指尖按壓麵團般地使接口處確實閉合。

61

整型後，覆蓋上塑膠膜，保持在28℃靜置2~3分鐘。
●靜置後麵團會鬆弛，而易於進行接下來的作業。

62

由橢圓棒狀整型成棒狀。首先，將手掌按壓在橢圓棒狀的中央，由上而下地按壓。

63

指尖輕觸工作檯地前後滾動3次。

67

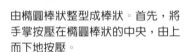

○
編入方法的正確例

編入方法：①最初的編法，將中央2條左邊在上地進行交叉。
●使重疊的部分（山形）變高地將交叉部分拉緊，就是編入時的重點。

68

×
編入方法的錯誤例

編入時過度鬆散，就不會形成高聳的山形，也無法烘烤出分量十足的麵包。

 最後發酵

只要調整發酵時間，
就能改變口感。

鬆弛因「整型」而緊縮的麵團，使烘烤時麵團能呈現最大的膨脹狀態，這就是「最後發酵」。若想要烘烤出柔軟的麵包，則發酵時間必須要延長2成，想要烘烤的是具嚼感的麵包，則可縮短2成的時間。

72

糖霜麵包球：57的麵團以適當的間隔排放在烤盤上。覆蓋上塑膠膜，放置在加熱絨毯上，覆蓋上保溫墊，將溫度提高至30℃，使其發酵30分鐘。

73

辮子麵包：編好後71的麵團以適當的間隔排放在烤盤上。與72相同要領地將溫度提高至30℃，使其發酵30分鐘。

 完成烘烤·裝飾

事先確認烤箱的設定溫度
與實際的溫差。

麵團烘烤的作業就稱「完成烘烤」。本書當中完成烘烤的溫度，都是「實溫＝實際溫度」。烤箱的設定溫度與實際溫度常會有差異，因此以烤箱溫度計量測烤箱內的溫度，請務必以實際溫度來進行烘烤。

76

糖霜麵包球：放入以220℃預熱的烤箱，重新設定成實際溫度190℃，烘烤11分鐘。底部出現烘烤色澤，側面出現白線，就是下火恰到好處地烘烤出柔軟的麵包。

77

糖霜麵包球：趁熱刷塗上大量融化奶油，麵包下的烤盤也塗抹融化的奶油，以確保其底部都能吸收到。

64

使中央部分變細。

65

雙手手掌放置在麵團兩端，邊按壓邊將指尖輕觸工作檯地前後滾動，麵團推滾拉長成30cm。
●無法達到理想長度，再次中間發酵。

66

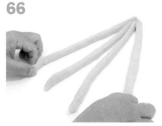

4條長條麵團1組地進行編入。首先，將4條長條的上端黏合固定。接著將下端攤開並排。

69

編入方法：②最右邊的麵團放置於最左邊麵團的內側。編入方法：③最左邊的麵團放置於最右邊麵團的內側。編入方法①②③為1組。重覆這組動作地進行編織。

70

編成5個山形是最理想的狀態。

71

編好之後將麵團在不明顯的位置貼合固定，使其閉合。

 裝飾

刷塗蛋液，
更能增添美味的光澤效果。

辮子麵包表面會先刷塗蛋液後再烘烤。刷塗蛋液可以增加光澤，表面也會更有嚼感。

74

在最後發酵完成的麵團表面，刷塗蛋液。
●刷毛蘸取蛋液必須適量再刷塗。若蛋液滴落在烤盤上，焦味會沾附在全體麵包上。

75

將杏仁片排放在麵包中央。

78

糖霜麵包球：在缽盆中放入肉桂砂糖，將77放入缽盆中迅速將全體沾裹上肉桂砂糖。

79

辮子麵包：放入以實際溫度220℃預熱的烤箱，重新設定成實際溫度190℃，烘烤18分鐘。
●預熱溫度，基本上是烘烤溫度＋30℃。
●烘烤至底部呈現烘烤色澤。

80

放置網架上冷卻，待涼再撒上糖粉。

法式水果烘餅

Fruit Galette

薄片的圓形點心，法式烘餅。
膨鬆酥脆麵團才能製作出這樣的糕點。
塗抹上酸甜的奶油餡，
再擺放喜歡的水果或堅果烘烤。
為了避免奶油餡流出
將麵團邊緣反折加高就是製作重點。

材料（約11個）

▼ 膨鬆酥脆麵團
　基本麵團用量（→P.52・材料表）

▼ 奶油餡
　卡士達奶油餡（→P.87）　　220g
　酸奶油　　　　　　　　　110g
　個人喜好的水果或堅果*1　適量
　蜂蜜蛋糕或海綿蛋糕的蛋糕屑*2
　　　　　　　　　　　　　適量

▼ 裝飾
　鏡面果膠*3　　　　　　　適量
　糖粉　　　　　　　　　　適量

*1 左頁照片的內餡，由下而上分別是「蘋果＋杏仁粒」、「覆盆子＋巧克力＋開心果」、「香蕉＋奇異果」。

*2 蛋糕做成的碎屑粒狀。有的話可以使用（即使沒有也能完成）。

*3 為使表面產生光澤的市售糕點材料。可用杏桃果醬以水稀釋來代替。

將麵團擀壓成圓形

1 請參照P.53~57的作業1~33製作麵團。分割成60g後滾圓，進行中間發酵（麵團溫度30℃・30分鐘）。

2 撒上手粉，用手按壓排氣→A

3 用擀麵棍擀壓成直徑15cm的圓形。→B
　●用手邊轉動麵團邊擀壓，儘量擀壓成正圓形。

反折麵團邊緣

4 將麵團邊緣5mm處向內折入，製作像堤防般的厚邊。再折一圈更加高邊緣。→C

5 用叉子尖端沿著反折的厚邊內側按壓一圈。→D

6 排放在烤盤上，用叉子刺出底部的孔洞。→E

7 覆蓋上塑膠膜，進行最後發酵。（麵團溫度30℃・30分鐘）。

製作並絞擠奶油餡

8 將卡士達奶油餡和酸奶油放入缽盆中，用攪拌器充分混拌。→F

9 將8擠在完成最後發酵的麵團上（30g/1個）。→G
　●也可以用湯匙等進行塗抹。

擺放水果和堅果等烘烤

10 如果有的話，可以撒上蛋糕碎屑。→H
　●具有吸收水果釋出水分的作用。如果有可以讓成品更漂亮。

11 將喜好的水果或堅果等排列成喜歡的造型。→I
　●不容易烤熟的水果請切成薄片。

12 放入以實際溫度220℃預熱烤箱，重新設定實際溫度190℃，烘烤16分鐘。

13 烘烤完成，在水果上刷塗上鏡面果膠，周圍的麵包則篩上糖粉。

A 將60g完成中間發酵的麵團排氣

B 用擀麵棍擀壓成直徑15cm的圓形

C 將麵團邊緣5mm處向內折入

D 邊緣折入2次後，用叉子按壓折入邊緣

E 以叉子將麵團底部刺出孔洞防止底部麵團膨脹

F 混拌酸奶油和卡士達奶油餡

G 將奶油餡擠至麵團中央凹槽內

H 散放蜂蜜蛋糕或海綿蛋糕碎屑

I 排放上水果和堅果，以190℃，烘烤16分鐘

蜜豆麵包

Beans Roll

剝開酥脆的麵包，充滿了甜甜的甘納豆。
這也是理所當然啊，因為甘納豆與麵團相等分量。
當混入大量食材，務必分成多次加入是定律。
在此分成三次加入。
完成的蜜豆麵包表面僅有薄薄的麵皮。

材料（約14個）

▼ 膨鬆酥脆麵團
　基本麵團用量（→P.52・材料表）
▼ 內餡
　喜好的甘納豆　　　　45g/1個
蛋液（光澤用）　　　　　適量

> 甘納豆有綠豌豆、紅豆、金時豆、黑豆等，重點就是大量加入自己喜歡的蜜豆。

預備麵團和甘納豆

1　請參照P.53~57的作業1~33製作麵團。分割成45g後滾圓，進行中間發酵（麵團溫度28℃・30分鐘）。
2　甘納豆各別分為45g備用。→A

包覆甘納豆

3　將2的甘納豆放入小缽盆中。
4　將1的麵團接口處朝下地按壓在3的缽盆中，用手略略用力地按壓以沾裹上豆粒。→B
　●麵團不要進行排氣，直接按壓至缽盆中。
5　翻轉麵團。約沾裹上1/3的甘納豆即可。→C

6　將麵團邊緣四邊朝中央聚攏貼合地包覆住豆粒。→D
7　重覆4~6的動作2次，將45g分量的甘納豆完全包覆。→E
　●避免豆粒露出麵團之外地薄薄地覆蓋包覆住豆子。若豆粒外露地進行烘烤，會烤焦。

使其發酵烘烤

8　以適當間距地放置在烤盤上並覆蓋塑膠膜，進行最後發酵。（麵團溫度30℃・30分鐘）。
9　以刷子刷塗蛋液。→F
10　放入以實際溫度220℃預熱的烤箱，重新設定實際溫度190℃，烘烤15分鐘。

分別量測出每分用量45g的甘納豆

用麵團按壓甘納豆

1/3用量的甘納豆沾黏在麵團上

將麵團邊緣四邊朝中央聚攏貼合

分3次將45g的甘納豆完全包覆，表層麵團呈薄膜狀

刷塗蛋液，以190℃，烘烤15分鐘

小型甜麵包

Small Bean Paste Buns

一口、兩口就能吃掉的迷你版紅豆麵包，
有著皮薄餡豐甜點般的薄麵團，
對於喜歡紅豆餡的人而言，真是魅力無法擋。
裝進小盒子裡還很適合做為送禮小點心。
利用大量製作來習慣內餡的填入法吧。

材料（約43個）

▼ 膨鬆酥脆麵團
　基本麵團用量（→P.52·材料表）

▼ 內餡
　喜好的甜餡* 　　　　35g/1個

▼ 裝飾材料
　黑、白芝麻、藍、白罌粟籽　各適量

蛋液（光澤用）　　　　　　適量

*1紅豆餡、紅豆粒餡、芝麻餡、甜白豆
餡、抹茶餡等。

預備麵團和內餡

1　請參照P.53~57的作業1~33
　製作麵團。分割成15g後滾
　圓，進行中間發酵（麵團溫度
　28℃·30分鐘）。

2　內餡各別分為35g備用。

包覆內餡

3　用手按壓麵團輕輕地排氣。平
　整光滑面朝下地放置在掌心，
　放入2的內餡。→A

4　掌心彎曲地形成凹槽，用小刮
　刀將內餡按壓至麵團中，麵團
　薄薄地推展開並包覆住內餡。
　→B

5　圓形：轉動麵團，用小刮刀按
　壓地重覆作業。至周圍麵團得
　以聚攏貼合。→C
　●填裝內餡的方法→P.87

6　葉片形狀：依3·4的重點將內
　餡填入麵團中，對折貼合接口
　處。→D

7　葉片形狀：如餃子般的形狀。
　邊緣部分確實捏緊貼合。→E

蘸上芝麻或罌粟籽

8　布巾先用水濡濕。將5麵團平
　整光滑面按壓在布巾上使其濕
　潤，再蘸上芝麻或罌粟籽。
　→F

9　將7和8的麵團接口處朝下，
　並排在烤盤上，用手輕壓整
　型。或用刀尖劃出2道小切
　紋。→G

刷塗蛋液完成烘烤

10　覆蓋塑膠膜，進行最後發酵。
　（麵團溫度30℃·25分鐘）。

11　以刷子刷塗蛋液。→H
　●避開芝麻或罌粟籽地刷塗。

12　放入以實際溫度220℃預熱
　的烤箱，重新設定實際溫度
　190℃，烘烤8分鐘。

用小刮刀將內餡裝填至麵團上

利用手掌的凹槽以小刮刀按壓
內餡

圓形：聚攏貼合周圍麵團

葉片形狀：①對折貼合接口處

葉片形狀：②捏緊邊緣

濕濕麵團蘸上芝麻或罌粟籽

或用刀尖劃出2道小小割紋

刷塗蛋液，以190℃，烘烤8
分鐘

櫻花紅豆麵包

Sakura-shaped Buns

只是將整成圓形的麵團剪開5個地方，
就能作成櫻花般的紅豆麵包。
正中央壓入鹽漬櫻花，更能增添香氣。
入口即化的口感搭配上紅豆餡，
完成的是不輸日式糕點的典雅風味。

材料（約18個）

▼ 膨鬆酥脆麵團
　基本麵團用量（→P.52・材料表）

▼ 內餡
　紅豆餡　　　　　　　35g/1個

▼ 裝飾材料
　鹽漬櫻花　　　　　1個/每個
蛋液（光澤用）　　　　　　適量

預備麵團和內餡

1 請參照P.53~57的作業1~33製作麵團。分割成35g後滾圓，進行中間發酵（麵團溫度28℃・30分鐘）。

2 內餡各別分為35g備用。

3 鹽漬櫻花用清水沖洗去鹽，輕輕擰乾後去莖備用。

包覆內餡

4 將1的麵團用手按壓麵團輕輕地排氣。平整光滑面朝下地放置在掌心，放入2的內餡。→ A

5 掌心彎曲地形成凹槽，用小刮刀將內餡按壓至麵團中，麵團推展開並包覆住內餡。→ B

6 轉動麵團，用小刮刀按壓地重覆作業。至周圍麵團得以聚攏貼合。→ C

　●填裝內餡的方法→ P.87

7 接口處朝下地並排在烤盤上，用手掌輕壓整型。以刀尖切出5道切紋。→ D

　●切紋的長度約是麵團半徑長度的1/2。

8 由上俯視，麵團的形狀看起來就像櫻花般。→ E

按壓裝飾的櫻花、烘烤

9 將8排放在烤盤上，正中央處放置上3的鹽漬櫻花。→ F

10 用手指將櫻花壓入麵團間。→ G

　●按壓至手指第一指節的深度左右，否則烘烤完成時櫻花就會不見了。

11 覆蓋塑膠膜，進行最後發酵。（麵團溫度30℃・30分鐘）。

12 以刷子刷塗蛋液。→ H

13 放入以實際溫度220℃預熱的烤箱，重新設定實際溫度190℃，烘烤15分鐘。

用小刮刀將內餡裝填至麵團上

利用手掌的凹槽以小刮刀按壓內餡

聚攏貼合周圍麵團

用刀子等距地切割出5道切紋

由上俯視時就像櫻花的形狀般

將鹽漬櫻花放在麵團中央

以手指將櫻花壓入麵團間

刷塗蛋液，以190℃，烘烤15分鐘

葡萄乾吐司

Raisin Bread

雞蛋色澤的麵團與烘烤完成時的甜甜香氣，
是口感豐盈的葡萄乾吐司麵包。
泡軟葡萄乾的方法
以及避免損及大量葡萄乾的麵團揉和法，
無論是哪一種方法，重點訣竅都會在此一一呈現。

材料（18.2×8×高9cm的方型模*¹ 2條）

▼ 膨鬆酥脆麵團

基本麵團用量（→P.52・材料表）

▼ 蘭姆葡萄乾（易於製作的分量*²）

葡萄乾	300g
熱水	500ml
小蘇打	1.5g
蘭姆酒	15g

*1 容量1200cc。
*2 由分量中取300g（2條）使用。

製作蘭姆葡萄乾

1 將葡萄乾放入網篩中，若有結塊時請用手撥散。網篩疊放在缽盆上，倒入加了小蘇打混合的熱水，靜置約1分鐘。→ A
● 儘量縮短浸泡熱水的時間，可以避免甜度的流失。

2 拿起網篩，瀝乾水分，趁熱擰乾水分。→ B
● 也可以戴上防熱手套避免燙傷。

3 淋上蘭姆酒，放入保存容器內。

4 以手握拳由上用力按壓，使葡萄乾全部能浸泡到酒液。→ C

5 放置於20℃以下的場所約浸泡二週。之後保存於冰箱內。浸泡著酒液的狀態約可保存一年。

將蘭姆葡萄乾揉和至麵團中

6 請參照P.53~57的作業1~28揉和麵團，整合後分割成4等分。→ D

7 300g（2條用量）的蘭姆葡萄乾分成3等分。

8 用手壓平一份麵團，將7葡萄乾的1/3放置在麵團上。重覆進行這個動作使麵團與葡萄乾交錯層疊成7層。→ E
● 保持麵團溫度28℃。溫度過低，蘭姆葡萄乾可以稍稍微波加熱。

9 用刮刀將8分割成兩塊，並重疊兩塊麵團。用手掌由上向下按壓麵團，使麵團與葡萄乾能合而為一。

10 將9放入塑膠容器內，以手握拳整平表面。→ F

11 進行1次發酵（麵團溫度28℃・50分鐘）。

整型

12 將麵團取出放至工作檯上，分切成4等分（225g×4個）。

13 避免葡萄乾露出麵團表面地，將麵團面朝上，排氣。→ G

14 翻轉麵團，滾圓（→P.86）。注意避免葡萄乾露出麵團。→ H

15 進行中間發酵（麵團溫度30℃・30分鐘）。

16 再次排氣，葡萄乾沒有外露的麵團面朝下，擀壓成寬17cm的大小。

17 從自己的方向及外側各向中央折疊1/3。→ I

18 縱向放置麵團，整型成橢圓棒狀（→P.86）。→ J

進行最後發酵與烘烤

19 捲起面朝向模型長面，2個麵團分別放置在模型兩端。→ K

20 覆蓋塑膠膜，進行最後發酵。（麵團溫度32℃・45分鐘）。

21 麵團膨脹至模型邊緣。噴撒水霧，放入以實際溫度210℃預熱的烤箱，重新設定實際溫度180℃，烘烤35分鐘。→ L

22 脫模，放置在網架上冷卻。

加入小蘇打的熱水澆淋在葡萄乾上

趁熱擰乾葡萄乾的水分

澆淋上蘭姆酒放入保存容器內

揉和完成的麵團分切成4等分

首先，將麵團和葡萄乾交錯疊放成7層

將重疊成14層的麵團放入容器內

分切成4等分，排氣

避免葡萄乾外露地滾圓

配合模型大小地進行3折疊

緊緊地捲起麵團整型成橢圓棒狀

麵團放置於模型的兩端

噴撒水霧，以180℃，烘烤35分鐘

圈狀 & 麻花甜甜圈
Ring & Twist Doughnuts

在家製作的甜甜圈，
剛起鍋膨鬆的美味獨具特色。
即使沒有烤箱也能夠簡單完成是最大的魅力。
圈狀、麻花形狀之外，還可以製作成花形，
或是中間夾上奶油餡等...
請自由發揮享受其中樂趣吧。

材料（圈狀或麻花狀約12個）

▼ 膨鬆酥脆麵團
　　基本麵團用量（→P.52・材料表）
　　炸油（沙拉油）
▼ 裝飾
　　甜甜圈糖*1或細砂糖　　　適量
　　肉桂砂糖*2　　　　　　　適量

＊1 砂糖中混入了玉米粉或油脂等加工而成的市售品。即使放置一段時間也不會融化，能保持乾爽狀態。
＊2 細砂糖與22％肉桂粉混拌而成。

花形與「照燒雞肉麵包」（→P.46）相同方法整型。建議可以對半切開後填入卡士達奶油餡（→P.87）或甘那許（→P.83）享用。

製作麵團

1 請參照P.53~57的作業1~33製作麵團。分割成55g後滾圓，進行中間發酵（麵團溫度28℃・30分鐘）。

2 排氣，平整光滑面朝下地縱向放置在工作檯上，整型成橢圓棒狀（→P.86）。靜置2~3分鐘，使麵團鬆弛。→A

圈狀甜甜圈的整型

3 滾動2的麵團，使其整型為20cm長的棒狀（→P.86），其中一端按壓成扁平狀。→B

4 扁平端用手按壓固定，滾動另一端使其扭轉。→C

5 貼合兩端，扁平部分包覆住另一端捏緊貼合。→D

6 覆蓋塑膠膜，進行最後發酵。（麵團溫度30℃・20分鐘）。

麻花狀甜甜圈的整型

7 滾動2的麵團，使其整型為20cm長的棒狀，稍稍靜置後再次滾動整型成30cm的長條狀（→P.86）。

8 兩端分別用兩手按壓，一端的手朝外側滾動，另一端朝自己的方向滾動麵團，使麵團呈扭轉狀態。再次重覆逆向滾動強化麵團的扭轉狀態。→E

9 將兩端麵團提舉起來，兩條麵團自然地會產生扭轉。→F

10 覆蓋塑膠膜，進行最後發酵。（麵團溫度30℃・20分鐘）。

油炸

11 炸油加熱至160℃，放入麵團兩面各油炸2分鐘。→G
　●不要一次大量油炸，依序少量逐次油炸。
　●待兩面呈黃金炸色，側面出現白色線條，即可起鍋完成。

12 圈狀甜甜圈撒上甜甜圈糖，麻花狀甜甜圈則撒上肉桂砂糖。→H

麵團整型成橢圓棒狀後，靜置2~3分鐘

圈狀①：滾動成20cm長後，用手壓平其中一端

圈狀②：單邊固定後扭動麵團

圈狀③：將兩端貼合固定

麻花狀①：滾動成30cm長度後扭轉麵團

麻花狀②：將兩端提舉起來

用160℃的炸油，兩面各油炸2分鐘

撒上砂糖或肉桂砂糖

菠蘿麵包

Melon Pan

Zopf的菠蘿麵包加了葡萄乾。
自過去以來一直都如此，
即使被問「為什麼？」我也答不上來。
菠蘿麵包的表皮非常柔軟，
因此請充分冰涼後再開始進行作業。
擀壓得過薄，也會呈鬆散破碎狀，
與麵團是最絕妙的搭配組合。

材料（15個）

▼ 膨鬆酥脆麵團	
基本麵團用量（→P.52・材料表）	
▼ 內餡	
蘭姆葡萄乾（→P.71）	130g
▼ 菠蘿外皮	
低筋麵粉	200g
泡打粉	4g
無鹽奶油（放置回復室溫）	40g
細砂糖	100g
全蛋	100g
香草精或香草莢	少量
細砂糖（整型用）	適量

前一天先製作菠蘿外皮

1 混合低筋麵粉和泡打粉過篩，或是用攪拌器充分混拌，使其飽含空氣。

2 在其他的缽盆中放入回復成室溫的奶油，用攪拌器攪打至呈滑順狀態。加入細砂糖再次以擦拌方式攪打。
●奶油放置室溫，至用手指按壓時會留下指印的柔軟程度。

3 打散全蛋，分3~4次加入2之中，每次加入後都充分混拌均勻，再加入香草精混拌。→A

4 在3之中加入1的粉類，邊轉動缽盆邊用刮板將粉類以舀起方式混拌。待整合成團後，改以切拌方式混拌。→B
●不要揉和地混拌，即使稍稍留有粉類也沒有關係。

5 包妥保鮮膜放入冰箱靜置一夜。→C
●充分冷卻後會變硬且緊實。

製作麵團，加入蘭姆葡萄乾

6 請參照P.53~57的作業1~33製作麵團。分割成15等分（約40g）後滾圓，進行中間發酵（麵團溫度28℃・30分鐘）。

7 排氣，平整光滑面朝下地，由靠近身體的方向及外側各向中央折疊1/3。麵團轉動90°，再次以相同方式折疊1/3，折疊完成後閉合接口處。→D

8 接口處朝上地放在手掌中，放上約10粒左右的葡萄乾，按壓至麵團中。→E

9 將麵團邊緣朝中央聚攏貼合地包覆住葡萄乾，捏緊貼合處。→F

將菠蘿外皮覆蓋在麵團上

10 從冰箱取出菠蘿外皮麵團，切分成15等分（約30g）。撒上手粉，用雙手滾圓。輕輕按壓。→G

11 在小缽盆內放入整型用細砂糖，將10放置於其中。接著將9的麵團接口處朝上地疊放上去。→H

12 握住接口處，用力朝向菠蘿外皮麵團上按壓。直接咚咚咚地向下按壓在細砂糖上，使麵團和菠蘿外皮黏著貼合。→I
●隨著向下按壓的動作，菠蘿外皮會自然地變薄，並且幾乎覆蓋在麵團的表面。

13 菠蘿外皮朝上地放置在手掌上，另一手以45°的角度向自己的方向拉動表皮，整型使其能夠包覆住麵團的內側。→J

劃切格狀割紋後烘烤

14 用切麵刀在表面劃切格狀割紋。切麵刀沿著圓弧狀移動劃切，就是要領。→K
●為避免割紋在最後發酵完成時消失，請割切得略深一點（未及1cm的程度）。

15 覆蓋塑膠膜，進行最後發酵。（麵團溫度28℃・35分鐘）。→L

16 放入以實際溫度200℃預熱的烤箱，重新設定實際溫度170℃，烘烤20分鐘。

混拌奶油和砂糖，加入全蛋

在A中加入低筋麵粉以切拌方式混拌

以保鮮膜包妥後靜置於冰箱內

麵團以3折疊方式整合

葡萄乾約10粒左右按壓至麵團當中

將麵團邊緣朝中央聚攏貼合地包入葡萄乾

按壓菠蘿外皮

在細砂糖上放置外皮及麵團

使外皮與麵團密合，向下按壓

菠蘿外皮覆蓋在麵團上約7成

用切麵刀劃切出格狀割紋

以麵團溫度28℃，進行最後發酵

焦糖菠蘿麵包

Caramel Melon

將菠蘿麵包的表皮變化成焦糖風味。
瑪格麗特花朵般的形狀，
使用「德式小圓麵包」的壓模製作。
外形改變時口感也隨之不同。
花瓣尖端處酥脆的真是爽口美味。

材料（約16個）

▼ 膨鬆酥脆麵團
　基本麵團用量（→P.52・材料表）

▼ 焦糖菠蘿外皮

無鹽奶油（放置回復室溫）	60g
細砂糖	150g
全蛋	120g
低筋麵粉	240g
焦糖粉（市售）	90g
泡打粉	6g
香草精或香草莢	少量
細砂糖（整型用）	適量

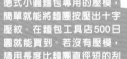

德式小圓麵包專用的壓模，簡單就能將麵團按壓出十字壓紋。在麵包工具店500日圓就能買到。若沒有壓模，請用長度比麵團直徑短的刮刀或刮板來代替。

前一天先製作焦糖菠蘿外皮

1　混合低筋麵粉、焦糖粉和泡打粉過篩，或是用攪拌器充分混拌，使其飽含空氣。

2　在其他的缽盆中放入回復成室溫的奶油，用攪拌器攪打至呈滑順狀態。加入細砂糖再次以擦拌方式攪打。
　●奶油放置在室溫，用手指按壓時會留下指印的柔軟程度。

3　打散全蛋，分3~4次加入2之中，每次加入後都充分混拌均勻，再加入香草精混拌。

4　在3之中加入1的粉類，邊轉動缽盆邊用刮板由底部將粉類舀起般地混拌。待整合成團後改以切拌方式混拌。
　●不要揉和地攪拌。即使稍稍留有粉類也沒有關係。

5　包妥保鮮膜放入冰箱靜置一夜。
　●充分冷卻後會變硬且緊實。

製作麵團，覆以焦糖菠蘿外皮

6　請參照P.53~57的作業1~33製作麵團。分割成40g後滾圓，進行中間發酵（麵團溫度28℃・30分鐘）。

7　排氣，滾圓（→P.86）。→A

8　從冰箱取出焦糖菠蘿外皮，切分成40g。蘸上手粉，用雙手滾圓。輕輕按壓。→B

9　在小缽盆內放入整型用細砂糖，將8放置於其中。接著將7的麵團接口處朝上地疊放上去。→C

10　握住接口處輕輕按壓貼合菠蘿外皮。
　●外皮與麵團直徑相同較好。

用德式小圓麵包壓模切開，烘烤

11　將細砂糖撒在工作檯上，放置10再輕輕撒上高筋麵粉。→D

12　用德式小圓麵包壓模，由上直接按壓劃出十字切紋。→E
　●壓模要直接按壓至工作檯，並切開麵團。

13　將壓模轉動45°，以同一中心點地再次按壓。→F

14　菠蘿外皮朝下用手拿起麵團，手指由下方將麵團由內向外翻出。→G・H

15　外皮朝上地排放在烤盤上，不需覆蓋塑膠膜地進行最後發酵。（麵團溫度28℃・35分鐘）。→I

16　放入以實際溫度200℃預熱的烤箱，重新設定實際溫度170℃，烘烤18分鐘。

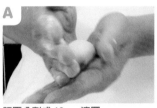

麵團分割成40g，滾圓

滾圓焦糖菠蘿麵團後，壓平

將外皮及麵團重疊放置於細砂糖上

使外皮與麵團能確實貼合，撒上高筋麵粉

用壓模切出十字切紋

壓模轉動45°，再次按壓切出十字切紋

由切開處用手指翻轉麵團

翻轉後焦糖菠蘿外皮會在上方

放在烤盤上發酵，以170℃，烘烤18分鐘

用罐子製作慕斯林・阿特多
Mousseline & à Tête

使用了大量雞蛋和奶油的麵團
非常近似皮力歐許麵團。
因此，採用了皮力歐許最具代表性的形狀
圓桶的「慕斯林」以及
法文意為「帶著頭型」的「阿特多」。

用模型烘烤後，表皮會適度
地產生嚼感。建議可以分切
成一口大小，與水果一起成
為巧克力鍋的食材。

材料（慕斯林約5個或阿特多約14個）

▼ **膨鬆酥脆麵團**
基本麵團用量（→P.52・材料表）
蛋液（光澤用） 適量

水煮番茄等的空罐頭就可以做為慕斯林的模型。建議使用側面有凹凸形狀的比較容易受熱。

預備麵團及空罐

1 請參照P.53~57的作業1~33製作麵團。

2 做為慕斯林模型的是水煮番茄的空罐。底部用鑽子鑽出6~7個小孔。用酥油刷塗罐頭內側，請注意不要被罐頭邊緣割傷手。→A

慕斯林：麵團放入罐內

3 將1的麵團分割成120g後，滾圓，進行中間發酵（麵團溫度28℃・30分鐘）。

4 排氣，滾圓（→P.86），接口處朝下地放入空罐內，覆蓋上塑膠膜，進行最後發酵（麵團溫度30℃・30分鐘）。→B

阿特多：整型成雪人般的形狀

5 將1的麵團分割成45g後，滾圓，進行中間發酵（麵團溫度28℃・30分鐘）。

6 排氣，滾圓，接口處橫向地放置在工作檯上。蘸上手粉，以小指的側邊在麵團的1/10處按壓滾動。→C

7 以小指側面前後滾動，麵團邊緣被滾出小小的頭型。→D
● 這個部分必須注意不要切斷麵團。

8 將7放入皮力歐許模型。→E
● 一手拿著頭型，另一手扶住身體部分地移動麵團。

9 將頭型用力按壓埋入身體當中。→F

10 覆蓋上塑膠膜，進行最後發酵（麵團溫度30℃・20分鐘）。

刷塗蛋液、烘烤

11 慕斯林：完成最後發酵的麵團表面，用刷子刷塗上蛋液。用剪刀在表面剪切出4個切紋如十字般。→G
● 注意刷塗，不要刷到罐子上。

12 阿特多：用刷子將蛋液刷塗在完成最後發酵的麵團表面。→H

13 放入以實際溫度210℃預熱的烤箱，重新設定實際溫度180℃，慕斯林烘烤20分鐘、阿特多烘烤12分鐘。

14 脫模，放在網架上放涼冷卻。

小且獨特的阿特多，做成三明治也別有樂趣。不管是搭配甜點餡料或鹹點都非常適合。

慕斯林：在空罐底部刺出小孔

將120g滾圓後的麵團放入空罐中

阿特多：用小指側面按壓麵團邊緣

前後滾動小指側面，做出麵團的小頭狀

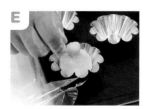

將D的麵團放入皮力歐許模型中

用手指將頭部壓向底部的麵團

慕斯林：用剪刀剪出4個切口

阿特多：刷塗蛋液後放入烤箱中

奶油麵包

Cream Buns

入口即化的麵團，
搭配卡士達奶油餡更是無與倫比。
最近奶油麵包有了各式各樣的造型，
但基本的手套造型仍是最對味的形狀。
漂亮外觀的製作訣竅，就在於麵團的擀壓方式。

材料（約14個）

▼ 膨鬆酥脆麵團	
基本麵團用量（→P.52・材料表）	
▼ 卡士達奶油餡	
牛奶	500ml
蛋黃	100g
上白糖	145g
低筋麵粉	20g
玉米粉	20g
無鹽奶油	38g
香草精或香草莢	少量
蛋液（光澤用）	適量

預備麵團及卡士達奶油餡

1. 請參照P.53~57的作業1~33製作麵團。分割成45g後滾圓，進行中間發酵（麵團溫度28℃・30分鐘）。

2. 請參考P.87製作卡士達奶油餡。待降溫後，放入冰箱冷藏備用。

3. 在工作檯上撒上手粉，1的麵團排氣後，用擀麵棍擀壓成寬10cm、長12cm的橢圓形。→A

4. 較短的兩端各約1cm處，不要擀壓地保留厚度。→B

包入奶油餡

5. 將麵團放在手掌上，用小刮刀將55g（1個）的卡士達奶油餡放在麵團上。→C

6. 以手掌做出凹槽，當小刮刀按壓奶油餡，麵團也隨之延展地納入奶油餡。→D

7. 以姆指為輔，將麵團對折。→E

8. 無視未擀壓的邊緣，貼合內側麵團使開口閉合。→F

9. 放在工作檯上，貼合處以姆指按壓，並將當中的奶油餡朝內側推壓，整型。→G
   ●此時仍不觸及邊緣。

割劃切紋、烘烤

10. 以折疊後最高處為中心，等距地劃出3條切紋。切紋長度約為1.5cm。→H
    ●切至可以略微看得到奶油餡為止。

11. 排放在烤盤上，覆蓋塑膠膜進行最後發酵（麵團溫度30℃・35分鐘）。

12. 用刷子刷塗蛋液。→I

13. 放入以實際溫度220℃預熱的烤箱，重新設定實際溫度190℃，烘烤15分鐘。

A 麵團擀壓成10×12cm的橢圓形

B 較短的兩端各約1cm保留厚度不要擀壓

C 在麵團上放置卡士達奶油餡

D 用手做出凹槽，以小刮刀填壓入奶油餡

E 以姆指為輔地將麵團對折

F 閉合邊緣1cm的內側，貼合麵團開口

G 用姆指將內餡推往內側

H 等距地割劃出切3道切紋

I 發酵後，刷塗上蛋液，放入烤箱烘烤

巧克力麵包卷

Choco corone

雖然名稱十分西式，但卻是日本甜麵包的代表。
填滿其中的奶油有各式各樣的口味，
但一提到麵包卷浮現的仍是巧克力奶油餡。
巧克力溶於鮮奶油製成的甘那許充滿其中。

使用優質苦甜巧克力製作成的甘那許，就是"成熟風味的麵包卷"喔。

材料（約14個）

▼ 膨鬆酥脆麵團
　基本麵團用量（→P.52・材料表）
▼ 甘那許
　鮮奶油　　　　　　　300g
　巧克力（切碎）　　　250g
杏仁果（烘烤過切碎）　　適量
蛋液（光澤用）　　　　　適量

製作甘那許

1　將鮮奶油放入鍋中，加熱至即將沸騰。熄火，加入切碎的巧克力。→A
2　用刮杓混拌巧克力至完全溶化。→B
3　以保鮮膜包妥，降溫後放入冰箱冷卻30分鐘以上。

製作麵團

4　請參照P.53~57的作業1~33製作麵團。分割成45g後滾圓，進行中間發酵（麵團溫度28℃・30分鐘）。

5　排氣，平整光滑面朝下地縱向放置，整型成橢圓棒狀（→P.86）。靜置2~3分鐘使麵團鬆弛。→C

從橢圓棒狀整型成細長水滴狀

6　將5的麵團用單手滾動，使中央成為較細的狀態。接著雙手放在麵團兩端，僅單手用力滾動，將麵團搓長成15cm的細長水滴狀。靜置2~3分鐘。→D
7　與6的方法相同，再搓長為25cm的細長水滴狀。→E

捲在圓錐模上

8　中指插入圓錐模（→P.16）。麵團沿著模型邊緣貼合在模型上。→F
9　鬆鬆地將麵團繞在圓錐模上。→G
10　底部分量足時外觀比較吸引人，也是製作時的訣竅。因此捲起第一圈時不要太過用力。→H

11　第二圈以後，稍稍拉緊且不留間隙地調整長度，使麵團捲到模型前端的1cm處時正好捲完。→I
12　捲完，麵團間會相互貼合。

最後發酵、烘烤

13　排放在烤盤上，覆蓋塑膠膜進行最後發酵（麵團溫度30℃・25分鐘）。
14　用刷子刷塗蛋液，放入以實際溫度220℃預熱的烤箱，重新設定實際溫度190℃，烘烤14分鐘。→J
15　脫模，放在網架上放涼冷卻。

擠入甘那許

16　將3的甘那許裝入擠花袋內（或是塑膠袋內），剪開1cm的口徑。將擠花袋伸入麵包卷的最底部，擠出甘那許。最初用力擠壓，之後中間部分不需要用力，至開口處再力用絞擠。→K
17　將烘烤過的杏仁粒蘸滿露出的甘那許表面。→L

將巧克力加入鮮奶油當中

完全溶化巧克力

將麵團整型成橢圓棒狀

滾動整型成15cm的水滴形

再次整型成25cm的水滴形

將麵團的一端貼捲在圓錐模上

第一圈要鬆鬆地捲起

使開口部分能膨脹起來就是重點

捲至模型前端1cm處

用刷子刷塗蛋液，放入烤箱

將甘那許絞擠至麵包卷內

將杏仁粒蘸在甘那許表面

德式烤盤點心

Blechkuchen

Blech 是德語「烤盤」的意思，kuchen 則是「點心」的意思。
在德國麵包坊，是種將麵團鋪放在烤盤上
再擺放上水果烘烤，非常普遍口味樸實的烤盤點心。
在此使用人數少也能享用的塔模來烘烤。

材料

▼ 膨鬆酥脆麵團	
（24.7×9.9×高2.3cm的塔模2個）	
高筋麵粉	200g
鹽	4g
砂糖	44g
即溶乾燥酵母	4.6g
蛋黃	60g
水	72g
無鹽奶油	44g
▼ 奶酥碎粒（方便製作的分量）	
無鹽奶油	80g
砂糖	60g
鹽	少量
蜂蜜	5g
檸檬汁	1/4小匙
中筋麵粉	150g
▼ 裝飾食材（2個）	
黑醋栗果醬	3~4大匙
杏桃果醬	3~4大匙
卡士達奶油餡（→P.87）	適量
糖煮黃桃（罐頭）	4~5個
糖漬黑櫻桃（罐頭）	15個
夏橙（剔除薄膜）	10片
香葉芹等香草	適量
糖粉	適量

製作奶酥碎粒

1 無鹽奶油置於室溫至柔軟。放入缽盆中，加入砂糖用手揉搓。加入鹽、蜂蜜、檸檬汁繼續混拌。→A

2 加入過篩的中筋麵粉，用雙手揉搓至呈鬆散狀。→B
●抓和握都會使材料因而固結，必須多加注意。

3 完全混拌後，成為鬆散狀態即可。→C

稍稍烘烤糖煮黃桃

4 糖煮黃桃放入200℃的烤箱內烘烤約10分鐘，使水分蒸發。→D

製作麵團、鋪放至模型內

5 請參照P.53~57的作業1~33製作麵團。分割成200g後，排氣。由靠近身體的方向及外側向中央折疊1/3，麵團轉動90°，再次以相同方式折疊1/3。進行中間發酵（麵團溫度28℃·30分鐘）。

6 排氣、用擀麵棍擀壓。直向橫向，正面反正都均勻地擀壓至呈相同的厚度。→E

●若過程中產生不易擀壓的狀態，則可靜置2~3分鐘。

7 擀壓成較模型略大的麵團，輕輕拉動麵團整型成長方形。→F

8 放入模型內，每個角落都不留空隙地仔細鋪入。→G

9 用叉子刺出孔洞。角落也不要忘記。覆蓋上塑膠膜進行最後發酵。（麵團溫度30℃·25分鐘）。→H

擺放上奶油餡和水果

10 在9的1個麵團上塗抹黑醋栗果醬，另一個則是塗上杏桃果醬，之後各別擠上卡士達奶油餡。→I

11 黑醋栗果醬上，排放切成3mm片狀步驟4的黃桃。杏桃果醬則是排放糖漬黑櫻桃和夏橙。→J

12 兩個排好的水果上，都各別撒上30g的奶酥碎粒。→K

13 放入以實際溫度210℃預熱的烤箱，重新設定實際溫度180℃，烘烤22分鐘。

14 稍稍放涼後脫模，在兩側麵包表面篩撒糖粉，黃桃上則是裝飾香葉芹。→L

A 奶酥碎粒：混拌奶油和砂糖

B 加入其他材料用手混拌

C 混拌成奶酥碎粒

D 蒸發糖煮黃桃的水分

E 用擀麵棍擀壓麵團

F 擀壓成較模型大的長方形

G 將麵團仔細地鋪至每個角落

H 用叉子刺出孔洞

I 塗上果醬，擠上奶油餡

J 排放上糖煮水果等

K 撒放奶酥碎粒

L 放涼後篩上糖粉

基本的滾圓·整型

整合麵團形狀的「滾圓」「整型」，是麵包製作上非常重要的作業。或許在習慣之前會覺得有些困難也說不定，
但多練習幾次，抓到了重點與訣竅，任何人都能完美地呈現。先從練習圓形、橢圓棒形、棒狀、長條形開始吧。

滾圓·圓形

1	2	3	4	5
麵團的平整光滑面朝上放置，用手按壓排氣。由邊緣開始依序按壓。	平整光滑面朝下，縱向放置麵團。	外側朝中央折疊1/3，再由靠近身體的方向朝中央折疊1/3。 ＊折疊的順序從哪一個先開始都可以。4也是一樣。	麵團轉動90°，再一次從兩端進行折疊1/3的作業。	完成折疊後，接口處與下方麵團貼合地捏起。

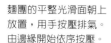

6	7	8	9
左手拿著麵團（慣用右手的人），左手姆指按壓在接口處。	右手指尖彷彿包覆住左手姆指般地，將兩側麵團向中央聚攏。	將麵團旋轉90°，再次將兩側麵團向中央聚攏，如此重覆5~6次，最後將聚攏的麵團接口確實抓緊閉合。	接口處朝下地放置在手掌上，另一手以45°之傾斜角度朝自己身體方向滾動麵團，將麵團朝底部掖入地緊實表面。

橢圓棒狀

1	2	3
麵團平整光滑面朝上，用手掌按壓排氣。由邊緣依序按壓。	將麵團平整光滑面朝下，縱向放置。由外側向中央折入，指尖輕輕向前推壓，使麵團表面緊實並做出中央部分。	折入推壓的動作重覆2~4次，將麵團捲至最後。捲起後確實貼合固定接口處。

長條狀

1
由橢圓棒狀（靜置數分鐘鬆弛麵團後）開始進行。手掌放在麵團中央部分，向下按壓前後往返滾動3次。

2
雙手放在麵團兩端，與1相同的力道再次前後往返滾動3次，使兩端粗細與中央部分相同。
＊需要更細的長條，再次由1開始重覆動作。

棒狀

1	2	3
由橢圓棒狀（靜置數分鐘鬆弛麵團後）開始進行。手掌按壓在麵團中央處，垂直向下按壓。 ＊最開始先決定出麵團的粗細，是作業的重點。	一邊保持1所決定的粗細，一邊前後往返滾動3次。	雙手按壓在麵團兩端，與2相同的力道再次前後往返滾動3次，使兩端的粗細與中央部分相同。

填裝內餡的方法

甜麵包、奶油麵包、咖哩麵包等,包有內餡的麵包,受到小朋友和大人們的青睞。
一旦能夠做出裝有餡料的麵包,麵包製作的範疇更為擴大,也更能享受製作麵包的樂趣。

基本的姿勢	錯誤的姿勢	練習1	練習2

握著麵團的手就像是握著小球般的姿勢,低握的小刮刀與手呈水平方向。

握著麵團的手伸成平直狀態。這樣無論小刮刀如何按壓,都無法將內餡填入。

可以用高爾夫球來練習。輕握高爾夫球,與小刮刀呈水平方向,將球垂直向下按壓。

小刮刀舉起,用單手轉動小球(使用手指及整體的手掌)。小刮刀向下按壓、轉動小球,不斷地重覆練習這個動作。
＊小刮刀的位置不變,轉動麵團就是這個動作的重點訣竅。

實踐1	實踐2	實踐3	實踐4	實踐5

將麵團放在手上,用小刮刀填裝內餡。

拿著麵團的手形成凹槽,小刮刀水平按壓。

從側面看,可以知道手掌的形狀正是麵團延展出來的形狀。

舉起小刮刀轉動麵團重覆按壓小刮刀再轉動麵團的動作。

麵團呈半球形狀,麵團邊緣向中央聚攏貼合。

卡士達奶油餡的製作方法

卡士達奶油餡是糕點麵包不可或缺的奶油餡。本書當中,用於法式水果烘餅、奶油麵包以及德式烤盤點心的製作。也可以填入麵包卷或甜甜圈當中,請大家隨意自行變化。

材料	
牛奶	500ml
上白糖	145g
低筋麵粉	20g
玉米粉	20g
蛋黃	100g
無鹽奶油	38g
香草精或香草莢	少量

1

將牛奶放入鍋中加熱至即將沸騰。

2
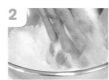
在缽盆中放入上白糖、低筋麵粉、玉米粉,用攪拌器攪拌混合。若結塊,可用手揉搓。

3

在2中加入蛋黃,用攪拌器使其飽含空氣地充分攪打。

4

將3移至別的鍋中,逐次少量地加入並混拌。若一次全部加入,可能會使雞蛋因熱而凝固,所以必須多加注意。

5

加熱4的鍋子,同時不斷用刮杓混拌並加熱。漸漸液體開始產生濃稠。當濃稠狀態到達以刮杓劃開時,可以看見鍋底的程度,即可熄火。

6

加入無鹽奶油充分混拌,再加入香草精。
＊加入切碎的巧克力,就會變成卡士達巧克力餡。

7
薄薄地倒入方型淺盤中,以冰水急速冷卻。放涼後包覆保鮮膜,放於冰箱中保存。儘早使用完畢。

補充食譜

咖哩內餡

→P.40 使用於咖哩麵包

材料（方便製作的分量）

洋蔥（切碎）	4個
大蒜（蒜泥）	1/2顆
紅蘿蔔（切碎）	1.5根
牛絞肉	1kg
水	1.5L
蘋果（果泥）	1.5個
水煮紅腰豆（市售）	250g
水煮蘑菇（市販片狀）	225g
咖哩塊	500g
炸洋蔥（市售）	100g
沙拉油	適量

1 在鍋中放入沙拉油，洋蔥拌炒至軟化呈焦糖色。加入大蒜和紅蘿蔔拌炒至熟透後取出盛盤。
2 繼續在1的鍋中放入牛絞肉拌炒，再加入1。接著加入水、蘋果泥、紅腰豆、蘑菇，熬煮至剩下一半水分為止（約2小時）。
3 加入咖哩塊，完全溶化後熄火。再加入炸洋蔥混拌完成。
4 散熱後，移至保存容器內，放置於冰箱靜置1天。
　＊過軟會不容易包入，因此放至冰箱內使其冷卻凝固。

照燒雞肉

→P.46 使用於照燒雞肉麵包

材料（方便製作的分量）

雞腿肉（去骨）	2隻
鹽	適量
A	
水	少量
酒	2大匙
醬油	2大匙
砂糖	2大匙
味醂	1大匙
鰹魚粉	少量（依個人喜好）

1 雞腿肉撒上鹽。
2 加熱鐵氟龍平底鍋，放入1煎至兩面呈現漂亮焦色。
3 加入A的材料，用小火燉煮。雞肉煮至熟透，煮汁收乾即可。冷卻後使用。

魚貝類的奶油燉菜

→P.48 使用於杯子麵包

材料（方便製作的分量）

▼ 奶油燉菜	
蝦	100g
干貝	100g
洋蔥（切碎）	100g
白醬（市售）	200g
鮮奶油（乳脂肪成分35%）	100g
奶油	適量
鹽、白胡椒	適量
▼ 裝飾	
披薩用起司	適量
綠花椰菜（小株、燙煮過）	適量
蝦、干貝（燙煮後切成一口大小的塊狀）	各適量

1 蝦、干貝都切成1cm大小的塊狀。
2 用平底鍋加熱奶油，洋蔥拌炒至變軟。加入蝦和干貝拌炒。用鹽和白胡椒調味。
3 加入白醬、鮮奶油稍加燉煮，離火後放涼。
4 模型內完成最後發酵的麵團上，擺放上披薩用起司和45g的3。
5 再放上裝飾的綠花椰菜、蝦和干貝，放入烤箱內烘烤。

白花豆燉煮臘腸

→P.48 使用於杯子麵包

材料

水煮白花豆（市售）	適量
維也納臘腸	適量
雞高湯	適量
巴西利（切碎）	少量

1 瀝乾水煮白花豆的水分。維也納臘腸切成2cm大小。
2 在鍋中放入1，加入雞高湯，熬煮至食材不致煮散的程度。
3 離火，稍加放置使其入味。
4 模型內完成最後發酵的麵團上，擺放1大匙白花豆、4片臘腸和1大匙煮汁，放入烘烤。再撒上切碎的巴西利。

莫札瑞拉起司茄子肉醬

→P.48 使用於杯子麵包

材料（方便製作的分量）

▼	肉醬	
	牛絞肉	260g
	A	
	紅酒	40cc
	肉汁（Demi Glace Sauce）	28g
	番茄泥	120g
	伍斯特醬（Worcestershire sauce）	20g
	砂糖	10g
	顆粒高湯粉	10g
炸洋蔥（市售）		20g
橄欖油		適量
鹽、黑胡椒		適量
▼	裝飾	
	油炸茄子（2cm塊狀）	適量
	莫札瑞拉起司	適量

1 橄欖油倒入鍋中，拌炒牛絞肉。加入鹽、黑胡椒
　調味。
2 加入A的材料，燉煮至產生濃稠。
3 完成時加入炸洋蔥，充分混拌。用鹽調味。
4 模型內完成最後發酵的麵團上，放入55g的3，以
　及油炸茄子和莫札瑞拉起司，適度地排放，烘烤
　即可。

鷹嘴豆咖哩

→P.48 使用於杯子麵包

材料（方便製作的分量）

▼	燉煮鷹嘴豆	
	鷹嘴豆（乾燥）	800g
	大蒜（切碎）	2片
	洋蔥（切碎）	1/4個
	西洋芹（切碎）	1/4根
	紅蘿蔔（切碎）	1/4根
	橄欖油	適量
	水	適量
	A	
	顆粒高湯粉	2大匙
	咖哩粉	12g
	薑黃粉	2g
	印度什香粉	2g
	辣椒粉	1g
	砂糖	2大匙
	月桂葉	1片
▼	裝飾	
	咖哩餡（→P.88）	25g/1個
	帕瑪森起司	適量
	巴西利（切碎）	少量

1 先將鷹嘴豆浸泡在水中一夜。
2 在鍋中放入橄欖油加熱，拌炒大蒜、洋蔥、西洋
　芹和紅蘿蔔。
3 瀝乾水分的鷹嘴豆加入2當中，加入A，注入大
　量水分蓋至食材。燉煮至豆類仍稍留有口感的程
　度，冷卻備用。
4 模型內完成最後發酵的麵團上，擺放咖哩餡25g
　和3當中瀝乾水分的鷹嘴豆30g。烘烤完成後撒上
　帕瑪森起司和巴西利碎。

DVD 收錄內容

DVD比書更詳盡、更容易瞭解！
收錄了全部麵包的教學影片，充實的65分鐘。
藉由影片，更能理解並掌握麵包製作的重點訣竅。

膨鬆軟Q麵團基礎篇

　　餐包與奶油卷

以膨鬆軟Q麵團製作11種麵包

　　帕克屋麵包卷
　　橢圓餐包
　　紅豆大理石吐司
　　佛卡夏餐食麵包
　　宇治金時
　　雜糧吐司
　　咖哩麵包
　　預烤披薩
　　酸酪甜麵包
　　照燒雞肉麵包
　　杯子麵包

膨鬆酥脆麵團基礎篇

　　糖霜麵包球與辮子麵包

以膨鬆酥脆麵團製作12種麵包

　　法式水果烘餅
　　蜜豆麵包
　　小型甜麵包
　　櫻花紅豆麵包
　　葡萄乾吐司
　　圈狀＆麻花甜甜圈
　　菠蘿麵包
　　焦糖菠蘿麵包
　　用罐子製作慕斯林・阿特多
　　奶油麵包
　　巧克力麵包卷
　　德式烤盤點心

填裝內餡的重點教學示範

DVD特別篇

　　露營時一起來烘烤麵包吧！
　　戶外也可以烘烤的麵包卷

DVD
導演　山泉貴弘（ロンドベル）
攝影　檀　亮（CAMIX）
標籤設計　山本　陽・菅井佳奈
　　　　　（エムティ クリエイティブ）

DVD-Video 注意事項

* DVD-Video 是高密度記錄影像與聲音的碟片。請使用能對應 DVD-Video 之機種來播放。附 DVD 的電腦或遊戲機等部分機種,可能會無法播放。

* 影像是由 16:9 畫面進行收錄。

* 本片僅限於家庭觀賞使用。即使是片中收錄之部分片段,亦嚴禁轉拷、變更、轉售、轉借、放映、公開播放(有線、無線),若有違反,將提出民事制裁或刑事告訴。

● 使用注意事項

* 使用時請避免指紋髒污並損及磁碟片正反面。

* 磁碟片上放置重物會導致彎曲變形,影響磁碟片的讀取,請多加留意。

● 保存注意事項

* 請避免保存於日光直射或汽車內等高溫潮濕之處。

＊ DVD 磁碟片有物理性損傷或確認不良品,請連絡讀者專線更換新品。

＊ DVD 與本書為套裝販售。(不可分售)

65min / 單面單層 / COLOR / MPEG2 / 不可複製

Joy Cooking

保證絕對不曾失敗的麵包製作：

DVD特別版 65分鐘！麵包教學全收錄。

作者　伊原靖友

翻譯　胡家齊

出版者 / 出版菊文化事業有限公司　P.C. Publishing Co.

發行人　趙天德

總編輯　車東蔚

文案編輯　編輯部　美術編輯　R.C. Work Shop

台北市雨聲街77號1樓

TEL：(02)2838-7996　　FAX：(02)2836-0028

法律顧問　劉陽明律師　名陽法律事務所

初版日期　2014年10月

定價　新台幣450元

ISBN-13：9789866210303　　書　號　J104

讀者專線　(02)2836-0069

www.ecook.com.tw

E-mail　service@ecook.com.tw

劃撥帳號　19260956 大境文化事業有限公司

ZOPF IHARA CHEF NI OSOWARU ZETTAI NI SHIPPAI SHINAI PAIN DUKURI DVD TSUKI TOKUBETU BAN
© YASUTOMO IHARA 2011
Originally published in Japan in 2011 by SHIBATA PUBLISHING CO., LTD.
All rights reserved. No part of this book may be reproduced in any form without the written permission of the publisher.
Chinese translation rights arranged with SHIBATA PUBLISHING CO., LTD., Tokyo
through TOHAN CORPORATION, TOKYO.

保證絕對不會失敗的麵包製作：

DVD特別版 65分鐘！麵包教學全收錄。

伊原靖友 著 初版. 臺北市：出版菊文化，

2014[民103]　96面；19×26公分. ----(Joy Cooking系列；104)

ISBN-13：9789866210303

1.點心食譜　2.麵包　　　427.16　　　103019105

Staff

攝影　海老原俊之 (パン、材料、道具)

檀 亮 (プロセス)

設計　山本 陽・菅井佳奈 (エムティ クリエイティブ)

插畫　山本 陽 (エムティ クリエイティブ)

造型　野口英世

採訪、編輯　松野玲子・美濃越かおる